Osprey Men-at-Arms
オスプレイ・ミリタリー・シリーズ

世界の軍装と戦術 4

第二次大戦の連合軍婦人部隊

[著]
マーティン・ブレーリー

[カラー・イラスト]
ラミロ・ブヘイロ

[訳]
平田光夫

WORLD WAR II ALLIED WOMEN'S SERVICES

Text by
Martin Brayley

Illustrated by
Ramiro Bujeiro

大日本絵画

目次 contents

3	序章 INTRODUCTION	
6	イギリス GREAT BRITAIN	国防義勇軍補助部隊（ATS）・6　英国海軍婦人部隊（WRNS）・11　空軍婦人補助部隊（WAAF）・13
15	アメリカ合衆国 UNITED STATES OF AMERICA	陸軍婦人補助部隊（WAAC）／陸軍婦人部隊（WAC）・15　合衆国海軍婦人予備部隊（WAVES）・24　合衆国沿岸警備隊婦人予備部隊（SPARS）・25　合衆国海兵隊婦人予備部隊（USMCWR）・25
26	カナダ CANADA	カナダ陸軍婦人部隊（CWAC）・26　カナダ海軍婦人部隊（WRCNS）・26　カナダ空軍婦人補助部隊（CWAAF）／カナダ空軍（婦人部隊）（WD）・27
27	オーストラリア AUSTRALIA	オーストラリア陸軍婦人部隊（AWAS）・27　オーストラリア海軍婦人部隊（WRANS）・28　オーストラリア空軍婦人補助部隊（WAAAF）・28
29	南アフリカ SOUTH AFRICA	婦人国防義勇兵団（WADC）・29　陸軍婦人補助部隊（WAAS）・29　婦人補助憲兵隊（WAMPC）・29　空軍婦人補助部隊（WAAF）・30　南アフリカ海軍婦人補助部隊（SAWANS）・30
31	インド INDIA	婦人補助部隊（インド）（WAC(I)）・31
32	ニュージーランド NEW ZEALAND	陸軍婦人補助部隊（WAAC）・32　ニュージーランド海軍婦人部隊（WRNZNS）・32　ニュージーランド空軍婦人補助部隊（NZWAAF）・32
41	ビルマ BURMA	婦人補助部隊（ビルマ）（WAS(B)）・41
42	ソヴィエト連邦 SOVIET UNION	ソ連陸軍・42　ソ連海軍・42　ソ連陸軍航空隊・43
44	外国人義勇部隊 FOREIGN VOLUNTEERS	ポーランド・44　フランス・45　その他の国々（オランダ、デンマーク、ノルウェー）・45
33	カラー・イラスト	
47	カラー・イラスト　解説	

◎著者紹介

マーティン・ブレーリー
Martin Brayley

マーティン・ブレーリーは軍事写真家で、イギリス海軍勤務時代には世界中を訪れた。軍装品を長年蒐集している彼は、イギリスや海外の専門雑誌に多くの記事を寄稿し、共著書として『WWII British Women's Uniforms in Colour Photographs』(1995)、好評の『The World War II Tommy』(1998)、『Khaki Drill & Jungle Green』(2000) がある。現在彼はオスプレイ社のために第二次世界大戦のイギリス陸軍に関する3冊の本を執筆中である。射撃の名手でもあり、国際大会でイギリス代表になったこともある。マーティン・ブレーリーは、妻と2人の子とともにハンプシャーで暮らしている。

ラミロ・ブヘイロ
Ramiro Bujeiro

ラミロ・ブヘイロは熟達した商業イラストレーターである。アルゼンチンのブエノス・アイレスで生まれ育ち、現在も同市で生活と仕事を営む。彼は人物イラストレーター兼連載漫画家として、欧州と南北米諸国で幅広く活躍しており、イギリスの大手雑誌出版社IPCマガジンズでの長年にわたる作品群もその一部である。彼が最も関心を持っているのは、20世紀前半のヨーロッパの政治・軍事史である。オスプレイ社の書籍でも、10冊以上に彼のイラストが掲載されている。

●**著者覚書き**

1冊のオスプレイ・シリーズで詳細に解説するならば、ATSだけでも限界だろう。簡潔にまとめるため、英米の部隊、特にイギリスのATSとアメリカのWACを中心に解説した。それ以外の部隊についてはわずかな紙幅しか割けなかったが、少なくとも軍の任務を分担するために公式に編成された連合国婦人部隊は、軍外部の支援組織ないし軍内部の部門かに関わらず、すべてに触れるために最大限の努力を払った。西側諸国における婦人部隊の歴史はどれも似ており、特に共通していた点は、初期の関係当局による懸念、その後の高い評価、職域の拡大と入隊者数の増大、そして専用制服の開発だった。本書に記した英米の婦人部隊史は、他の部隊や国でもほぼ同様だった。

看護補助部隊については、将来『Men-at-Arms』シリーズの1冊で取り上げる予定のため、今回は割愛した。

なお、ポーランド、チェコスロヴァキア、ロシア、ベルギー、オランダ、フランス、イタリア、バルカン諸国、デンマーク、ノルウェーなどの枢軸軍に占領された多くの国々で、パルチザンおよびレジスタンス活動の中で男性とともに戦い、命を落とした幾万もの女性たちに本書が触れていないのは、決して彼女らを軽んじているからではないことをご承知いただきたい。

＊翻訳にあたっては『Osprey Men-at-Arms 357・World War II Allied Women's Services』の2001年に刊行された版を原本としました。本文の [ ] 内は訳者注です。[編集部]

序章
INTRODUCTION

有史以来、戦いに赴く兵士たちは、身の回りの世話のため、妻と従者たちを引き連れて行くのが慣わしだった。少なくとも19世紀中盤までイギリス陸軍ですらこうした慣行が容認されていたが、ヴィクトリア朝時代がそれに終止符を打った。そして出征する軍隊では女人は禁制とするというヴィクトリア朝時代の思想は、第一次世界大戦の開戦まで継承されていた。しかし同大戦でイギリス軍は甚大な損害を出し、男性で構成されていた兵力はたちまち員数不足が深刻化した。陸軍評議会は不安感を露わにしつつも1917年、後方で事務員やコックなどの「雑役」職に就いていた男性を兵士に転用するため、その代用として女性の入隊を最終的に容認したのだった。こうして誕生したのが陸軍婦人補助部隊／WAAC［ワック］（Women's Army Auxiliary Corps/WAAC）だった。1917年11月に英国海軍婦人部隊／WRNS［レンズ］（Women's Royal Naval Service/WRNS）が、1918年4月に英国空軍婦人部隊／WRAF［ラフ］（Women's Royal Air Force/WRAF）が編成された。第一次大戦の終結時には、10万名以上のイギリス人女性が軍隊に勤務し、ほぼ同数の男性を兵士として捻出していた。軍上層部は女性たちの努力を渋々認めてはいたが、休戦後間もなくこれらの部隊は解散された。

アメリカでも女性を軍に入隊させようという議案が提出され、やはり当初の反対意見を克服した結果、最終的に女性志願兵が、陸軍、海軍、海兵隊、沿岸警備隊に入隊したのだった。イギリス同様、これらの部隊は戦後すぐに解隊された（パーシング将軍隷下の在仏アメリカ進駐軍は、深刻な基地職員不足を少しでも緩和するため、1100名以上のイギリスのQMMACを採用していた——WAACは1918年にメアリー王妃陸軍補助部隊（Queen Mary's Army Auxiliary Corps）と改称していた）。カナダではカナダ陸軍婦人補助部隊の設立が検討されていたが、終戦まで結論に至らなかった。

第一次大戦における先例にもかかわらず、第二次欧州大戦の脅威が迫るなか、イギリスとアメリカ合衆国では女性の軍への入隊の可能性について、当局は何の検討も進めていなかった。イギリスでは婦人団体の活発なロビー活動により、1936年に婦人補助部隊の設立を求める提案が審議されたが、すぐに廃案に追いやられた。この政治面での挫折は、幸いにも救急看護義勇団（First Aid Nursing Yeomanry/FANY）や婦人軍（Women's Legion/WL）とい

上層部の保守的な先入観に沿ったイメージ。商売道具に囲まれたイギリスのWRNS所属のシェフ。コック帽とエプロンは白で、襟と袖口にネイビーブルーの縁どりが付いた青白の細縞のコック用ワンピースには、白のプラスチック製ボタンが付いた。左袖には一等レンの階級章が付く。上級の兵では部隊帽章に似た徽章がコック帽に付く。
（IWM A9746）

った婦人団体の発展によって救われた。1938年、ほぼ不可避となっていた新大戦に向け、イギリスは再軍備の一環として陸軍を支援するべく婦人部隊――国防義勇軍補助部隊／ATS［アッツ］（Auxiliary Territorial Service/ATS）の設立を決定した。例のごとく、この組織に期待されていたのは、事務所や倉庫の職員ないし管理職の供給だけだった（そのため服装は上着とスカートだけで、それ以外の作業服や防寒服などは何も用意されなかった）。間もなく英海軍と英空軍もそれに倣い、1939年に婦人部隊を設立した。

アメリカでも婦人部隊の設立案は挫折を見た。しかしアメリカの第二次世界大戦参戦の約6カ月前にあたる1941年5月、陸軍に婦人補助部隊（のちのWomen's Army Auxiliary Corps/WAAC）の設立を支持する法案が通過し、1942年から隊員募集を開始することとなった。

車両整備の講習を受ける輸送部隊のイギリス人女性運転手たち。全員がクラウン上に布製顎紐が回される一次型のATS帽を被っているが、これはMT運転手［Motor Transport＝自動車輸送］の特徴だった。これらの「メンバーズ」（members）（原注：ATSにおける隊員の総称）は、全員が救急看護義勇団の婦人輸送部隊からの移籍者で、同団のMT部隊は1939年に丸ごとATSに合併された。1941年にATS用ロングコートが一斉に導入されるまで、男物のロングコートが支給されていた。しかしながらこの数少ないベルト付きロングコートが支給されたのは、MT部隊をはじめとする数部門だけだった。

その頃すでに職務部門数を拡大し始めていた英ATSは、1941年4月に下院へ提出された声明に従って完全な軍隊組織に変貌し、部門数と隊員数のさらなる増加が予定され、そのなかには高射砲部隊や照空灯部隊も含まれていた。ATSが軍事的な任務へ進出していたのに対し、米WAACは相変わらず事務関連職と「雑役」職のみを想定していた。イギリス軍は、最終的にアメリカ軍は婦人兵をかなり本格的な職務に就かせるだろう、ないしそれに先立ち、その職務（とそれに適した服装）を検討するよう示唆してくるだろうと予測していたが、ATSの部隊を訪れたWAACの視察団はそれを信じなかった。WAACは自分たちの旧態依然とした取り組み方を改めようとはしなかった。視察団は、女性が幅広い軍事的な職務に対して順応性に富んでいることは理解したが、多くの「Waac」［隊員を示す場合、大文字は頭文字のみ］が自分のなすべき仕事に適した衣類がないために苦労するだろうことも知った。

最終的にすべての英連邦諸国もイギリスの指導のもと、WRNS、ATS、WAAFに倣った独自の補助部隊を編成した。それらの部隊には、ほぼ同型の制服、組織構造、階級制度が導入されたが、中にはイギリス人の士官や教官を配属したものもあった。ヨーロッパ大陸では、女性は戦争支援に関係する職業に採用されていた。しかし基本的に身分は民間人であり、職務も看護助手や救急車運転手などに限定され、ドイツがヨーロッパを席巻する以前にイギリスが編成していた婦人部隊のような組織はなかった。ヨーロッパからの難民や在英外国人の女性たちは、各種の女性補助部隊へ続々と入隊し、在英連合軍義勇部隊の男性志願兵たちとともに軍務に服したのだった。

道徳的な疑念
The question of morality

誕生直後のあらゆる婦人部隊において、最も心配されたのは風紀上の問題だった。第一次世界大戦中のイギリスでは、軍隊内の女性の貞操観念に関する下らない不謹慎な申し立てにより王立諮問委員会が設置された結果、極めて破廉恥な噂が広まり、入隊者数も落ち込んでしまった。しかしこれはまったく根拠のないデタラメだった。第二次世界大戦の初期にも、この汚らわしい問題が再び持ちあがった。政府は当初は無視していたが、大英帝国における道徳観念と隊員募集の脅威となるに至り、上院に調査委員会が設けられ、世間で噂されるATSでの乱交疑惑と婚外子妊娠について実態調査が行なわれた。委員会の調査結果は1942年8月に報告された。それによれば同隊の婚外子妊娠率は、民間人の同等条件の社会集団に比べ、極めて低いことが判明した（ATSの0.6％に対し、民間人2.1％）。

悪意に満ちたゴシップの問題はイギリスだけではなかった。アメリカでは1943年にWAACを中傷する噂が大流行したが、それはWaacの90％は娼婦で、うち40％が妊娠しており、レズビアンの割合も相当高いという説で、馬鹿げていたが広く蔓延していた。マスコミと教会により、この噴飯ものの数字が新聞やラジオで伝えられると、敬虔なアメリカ中産階級からは女性の軍隊入隊に対し、猛烈な反発が起こった（実際のWAC [陸軍婦人部隊。1943年7月～] での妊娠による除隊率は、1942～1945年の平均で0.4％だった）。

根も葉もない噂や悪意のあるゴシップは予想されてはいたが、世論を大きく動揺させるようになると、隊員の募集と士気に大きな悪影響が生じ始めた。この噂の捜査はFBIに委託されたが、調査の最高責任機関はG2（軍諜報部）で、同機関では噂は敵の宣伝工作である可能性までをも疑っていた。調査の結果は敵の工作よりも受け入れがたいもので、女性の果たすべき役割に対する当時のアメリカ社会の価値観が最大の原因だったことが判明した。悪意に満ちた噂の出所として、陸軍人、兵士の妻、ひがみ屋の市民、いい加減なデマ、狂信者、解雇されたWaacなどが突き止められることもあった。また暗い側面として、隊内で売春行為が行なわれていた事実も判明した。しかし行なっていたのは、顧客層を拡大しようと審査をすり抜けて入隊したプロの娼婦たちで、間もなく身元が特定され、不名誉除隊処分となった。敵の宣伝工作としては、枢軸側ラジオ局DEBUNKが、北アフリカから20名のWAAC隊員が妊娠のため引き上げられたと報じた。しかし事実は、既婚者のWaac 1名が、戦地への到着直後にアメリカへ帰国していただけだった（枢軸側プロパガンダの常で真面目に聴く人はおらず、影響はほとんどなかった）。

イギリスの法律では女性の同性愛は犯罪ではなかったが、軍隊では規律の面から問題とされた。ATSで報告された同性愛の事例はごく少数だったが、女性同士の強い友情として隠蔽されたり、見逃されることも多かった。問題が起きた場合は、穏便な転属処置で対応されるのが一般的だった。ごく少数の例だったが、多情なレズビアンが解雇されることもあった。アメリカの監察官報告によれば、妊娠率と同性愛者発覚件数は民間人より少なかったという。WAACの士官たちは、外見が男っぽい女性や男性嫌いの女性について誤った結論に飛びつかないよう、注意を受けていた。陸軍省小冊子

1943年中頃、閲兵中のATS統括官司令である第一皇女殿下（原注：国王ジョージVI世の妹）。上着は勤務服として定評のある男性用の「軍用短外套」（British Warm）で、正式には大佐以上の士官が着用した。2列の革張リボタンに注意。このコートは大佐未満の士官でも着用できたが、それは兵とともにパレードしない場合に限られた。金色金属糸の帽章は陸軍将官用のもの。1941年10月以前、ATSの上級士官も同様の帽章を付けていたが、剣と官杖は「ATS」の文字に置き換えられていた。(IWM H28859)

自分たちのバラック棟「ビヴ=ワック」(Bivou-Wac)[野営のビヴァークとワックをかけた造語]でくつろぐ米陸軍のワック(Wac)たち。2人が着ているのは綿サッカー製のWAC用体操服で、前はボタンが前合わせ丈一杯に並び、ズック靴を履く(イラストF1参照)。右のワックは裾のボタンをほとんど外しており、太腿のかなりの部分と「乙女のたしなみ」ブルマーの裾の一部がのぞいている。左のワックはマニキュアを乾かしている……。婦人部隊ではメイクが許可されていた。メイクは、男性がヒゲをきれいに剃るのと同様、女性の士気の維持に必要だと考えられていたが、派手すぎたり濃すぎるメイクは禁止で、使う色には上官の許可が必要だった。

35-2号には、女性が感情表現として行なう身体的振る舞いは、社会的にも法的にも許されない男性同士の行為に一見似ているが、同じであると解釈してはならないとの注意がある。

　WAACは実に優秀であり、保健の講義でのちょっとした指導以外に何の措置も不要だった。FBIとG2による調査も、英上院委員会とほぼ同じ結論に達した。婦人部隊の隊員たちは、国の誇りに値すると。しかしこの評価を得るまでの道のりは、長く険しかった。

WAC派遣隊を閲兵する連合軍北アフリカ戦線司令官アイゼンハワー大将。彼女らの木綿製の初期型夏用制服はその後、より薄い南方用ウーステッド織の衣服と男性用士官給品のカーキ色ギャリソン帽に変更された。アイクは指揮下のワックたちを高く評価し、初期に同部隊に浴びせられていた感情的な中傷に立ち向かったひとりだった。

イギリス
GREAT BRITAIN

国防義勇軍補助部隊(ATS)
Auxiliary Territorial Service (ATS)

　1914〜18年の大戦中、フランスでイギリス陸軍を支援していた2つの婦人志願者部隊は、救急看護義勇団(FANY)と婦人軍(WL)だった。FANYは救急車運転手を供給し、婦人軍は契約コックと輸送トラック運転手を派遣していた。WAAC(QMAAC)、WRNS、WRAFが戦後解隊されたのに対し、FANYとWLは民間団体だったので大戦間の時代にも存在し続けていたが、この種の組織への関心は一般的に薄れていた。

　1930年代中盤になると、イギリス政府は有事に備え、非常事態計画の立案が緊要であると認識していた。FANY(婦人輸送部隊)のミス・バクスター・エリス(Miss Baxter

1940年、駐仏イギリス海外派遣軍。この3名の志願兵（兵卒）と1名の分隊長補（伍長）は、一体型布ウェストベルト付きの一次型ATS上衣を着ているが、カットが悪く体型に合っていない。のちに多くの上衣が、新式の1941年型上衣に倣ってベルトを追加され、よりスマートで体型に合うよう改良された。2名はMkIIヘルメットを、1名は一次型の制帽を被っているが、この制帽は布製顎紐、サイドカーテン、縫いかがり補強された庇が特徴である。

Ellis）、婦人軍代表のロンドンデリー侯爵夫人（Marchioness of Londonderry）、有事部隊（Emergency Service）（原注：1927年のFANYとWLに続き、1935年に陸軍と空軍の評議会により承認された婦人軍の士官養成部門）のデイム・ヘレン・グウィン＝ヴォーガン（Dame Helen Gwynne-Vaughan）＊の間で、長期の議論が持たれた。

＊訳注：デイム＝Dameは女性の爵位のひとつ。

2万名以上の婦人兵徴募をはじめとする諸計画が立案された。「メンバーズ」は平時は国防義勇軍（Territorial Army）所属とするが、有事の際には正規の陸軍に編入されることとなった。新たに編成された国防義勇軍補助部隊は1938年9月9日の王室勅令（陸軍命令第199号）により正式に承認され、同部隊の役割は陸軍と空軍の非戦闘任務の一部を担当する婦人志願兵を供給することとされた。軍服を着てはいたものの、彼女たちは当初、陸軍の一員とはされなかった。そのため婦人部隊の階級章と階級名は正規陸軍のものとは異なるものとされ、軍人には付与される権利と国際法上の保護も認められなかった。

1942年2月、ATS兵長のAB64個人給与手帳を確認するATS憲兵隊の「赤帽」。ATS憲兵隊は1942年2月に編成された。士官は勤務服にATS制帽を被ったが、これはイラストのようにクラウンに整形用ワイヤが入り、赤いカバーが付いていた。これは間もなく赤いカバーの付いた芯入り型の男性用勤務服制帽に変更された（イラストB1参照）。緋色の台布に「PROVOST」（憲兵）の黒文字が付いた隊名肩章が両肩に付いた。ATS憲兵でないアッツが陸軍憲兵隊（Corps of Military Police）に配属された場合、左胸に陸軍憲兵隊章をピン止めした。ATS憲兵は独自の執行権を持つ、陸軍憲兵隊とは別個の婦人警官隊だったので、これは付けなかった。(IWM H17145)

デイム・ヘレン・グウィン＝ヴォーガンは総統括官（Chief Controller）に任命され、ATSの長官を1938年から1941年まで務めた。その間彼女は、婦人部隊を国軍の所属とするべく、長く厳しい戦いを続けた。最終的にATSは、1941年4月25日に防衛（婦人部隊）大綱により、他のすべての婦人部隊とともに国軍所属の部隊として認定された。その成果の最も重要なものとしては、婦人士官の任官、（WAAF、ATS、および医療看護部門の）婦人兵たちの国軍への帰属、婦人士官の男性士官と同等の地位の獲得などがあった。この目標達成直後の1941年6月26日、デイム・ヘレンの後

■ ATS階級表

1941年6月以前	1941年6月以降	イギリス連邦陸軍対応階級
総統括官（Chief Controller）	総統括官（Chief Controller）	少将（Major-General）
上級統括官（Senior Controller）	上級統括官（Senior Controller）	准将（Brigadier）
統括官（Controller）	統括官（Controller）	大佐（Colonel）
総司令官（Chief Commandant）	司令官（Chief Commander）	中佐（Lieutenant-Colonel）
上級司令官（Senior Commandant）	上級指揮官（Senior Commander）	少佐（Major）
部隊指揮官（Company Commander）	下級指揮官（Junior Commander）	大尉（Captain）
部隊長補（Deputy Coy. Cdr.）	尉官（Subaltern）	中尉（Lieutenant）
部隊長補補佐（Company Assistant）	二等尉官（Second Subaltern）	少尉（2nd Lieutenant）
（階級設定なし）	一等准尉（Warrant Officer I）	一等准尉（Warrant Officer I）
先任分隊長（Senior Leader）	二等准尉（Warrant Officer II）	二等准尉（Warrant Officer II）
分隊長（Section Leader）	軍曹（Sergeant）	軍曹（Sergeant）
分隊長補（Sub-Leader）	伍長（Corporal）	伍長（Corporal）
志願兵長（Chief Volunteer）	兵長（Lance-Corporal）	兵長（Lance-Corporal）
志願兵（Volunteer）	兵（Private）	兵（Private）

任としてジーン・ノックス（Jean Knox）総統括官が着任した。

枢密院における1942年3月5日付の命令により、ATS、WRNS、WAAFへの婦人隊員徴集開始宣言が承認された。こうしてイギリスの女性には、徴兵された男性とともに軍務に服する義務が生まれた。この法律にもかかわらず、500名以上のイギリス人女性が戦争支援労働や民間防衛活動、または入隊の忌避により収監された。

ATSはFANYの自動車輸送部門（FANYの婦人輸送部隊（Women's Transport Service）とWLの自動車輸送訓練部隊（Motor Transport Training Company）を吸収することになった。そしてこの2つの組織が、新組織の制服の決定に最も大きな影響を与えた。1938年の編成当時、ATSには勤務服以外の制服は不要だと考えられていた。幸いなことに、対空砲兵隊司令官サー・フレデリック・パイル中将をはじめとする幕僚たちには、こうした近視眼的な考えはなかった。彼の要請により、すでに1938年に女性を高射砲陣地に配置するための環境整備試験が極秘に行なわれていた。開戦からしばらくのち、対空砲兵隊には女性が実際に配属されたが、その任務は直接戦闘に関わるもの以外に限られていた。

男女混成対空砲兵隊は1941年から導入され、多数の「アッツ」（Ats）が必要になったが、そこで明らかになったのはATS用の装備の不足が深刻であることだった。安上がりな解決法としては男性用「サージ布製」戦闘服の支給しかなかったが、これはその他の多くのATS兵科でも

メアリー・チャーチル尉官（左）はウィンストン・チャーチル首相の末娘で、対空砲兵隊の混成高射砲兵隊に勤務していた。肩に赤地に黒の部隊章を、左胸に銅色の英軍砲兵隊火焔擲弾章を付けている。ATS婦人兵が所属していた本部隊の隊章は1940年5月に制定された。1943年中頃の撮影で、チャーチル尉官（現・ソームズ男爵未亡人）と話す米陸軍WAC軍曹は、冬用勤務服を着、茶革製のWAC用多目的バッグに女性用規格型革手袋を入れている。このバッグをこのように掛けたのは1943年の6月から11月までだけで、それ以前と以後ではバッグ本体は左側に下げ、ストラップを右肩へ斜めに掛けた。山形階級章は黒地に銀色のタイプのようだ。写真では「ホビーハット」の側面形がよくわかる。

基地食堂に戦利品だ。ちぎれたプロペラブレードは、ロンドン空襲時に混成対空砲兵隊が撃墜したメッサーシュミットMe410のもの。ATSの女性隊員が着ているのは一次型のブラウス、戦闘服、スラックスで、靴は茶色の勤務靴（左）と、革製足首覆い付きのアンクルブーツ（右）。ポケットにプリーツがなく、ボタンが露出した簡易型ブラウスは1941年に登場した。ブーツも短くなり、紐穴が11個から8個に減った。

男女混成砲兵隊は1941年から対空砲部隊に導入された。1943年9月には、4万8950名の女性が重砲兵隊に、1637名が軽砲兵隊に、9671名が対空砲兵隊射撃管制部に勤務していた。そして1944年末には女性数が男性数を上回った。第93照空灯連隊は、全員が「アッツ」で編成されていた。1944年11月、第139（混成）対空砲兵連隊は、第21軍集団所属の男性部隊の代替として北西ヨーロッパに展開し、ライン川渡河の支援にあたったが、混成部隊にしては珍しく、当時アントワープ港に撃ち込まれていたドイツのV1を迎撃した経験がなかった。1945年1月末までに、同連隊は19発の飛行爆弾を撃墜した。

混成砲兵隊に勤務するATSの砲手たちは、現役期間中は英国砲兵隊（Royal Artillery/RA）の階級（砲手（Gunner）、上等砲兵（Lance-Bombardier）、砲兵長（Bombardier））が与えられるという名誉に浴し、またRA白色モールの佩用や、青/赤のRA野戦勤務帽の着用も許された。（IWM H34381）

不可欠なことが判明した。ATSにこの戦闘服の支給が必要となるずっと以前の1939年にも、多数の小規模兵科から官給品目にない被服類を支給して欲しいという要望が寄せられていた。これらの品々は通常「備蓄」され、必要分だけが支給された。男性兵に支給された場合とは異なり、受領後に必ず問題となったのがサイズおよび体型との適合性だった。対空砲兵隊内で最初に本格的な運用を開始したATS部隊は、1941年4月に編成された照空灯「試験」隊で、要員はすべてATS兵だった。彼女たちの制服は男性用戦闘服で、体型には合わないものの、ATSの上衣とスカートよりは任務に適しており、これにATS部隊章を付けた英国機甲軍団の黒ベレー帽を被った。この試験運用は大成功を収め、女性たちは独立した軍事基地でもあらゆる困難な任務をこなせることを実証した。それから間もなく「混成砲兵隊」（mixed battery）は対空砲兵隊全体に拡大され、その最初の「作戦」は早くも1941年9月に記録された。

　それからのATSの規模と職域の急速な拡大により、ATSの制服は数量と多様性が劇的に増加した。男性用戦闘服のサイズ基準では不充分なため、女性用独自のサイズ区分に従ったATS型が、より上質の「サクソニー・サージ織」で製作されることになった。ATS型の戦闘服やその他の制服類の支給は、この部隊だけに限られなかった。その他の多数の婦人部隊も大量のATS用被服を受領したが、それでもすべての需要は満たせなかった。その中でも特に問題があったのは陸軍看護部隊、慰安奉公会／エンサ（Entertainment National Service Association/ENSA）、国際連盟救済復興機関／アンラ（United Nations Relief and Rehabilitation Administration/UNRRA）、イギリス赤十字社だった。

　1945年のATSは、1938年に国王の裁可を受けた当時とは一変していた。

1942年に女性の徴集が承認されると、各婦人補助部隊は急速に拡大し、連合軍がヨーロッパ主要部の解放を準備していた頃には、その結果として兵役に捻出される男性数もさらに増加していた。ATSの兵力が最大の21万308名に達したのは1943年中盤だった。コック、事務員、伝令、倉庫員、運転手の5部門から始まった職種は、1945年には製図工からマッサージ師までの77種の専門職種へと増大し、非専門職種も女優から図書館司書まで37種に達していた。ATS隊員は、元々その職務にあった男性をほぼ一対一で置き換えていたにもかかわらず、給与は男性の三分の二しか支払われなかった。これはすべての連合軍婦人部隊に共通していた不平等な待遇だった。

膨大な数のATS隊員が海外へ派遣された。1945年1月以前はそのすべてが志願者だったが、同月の上院議決により独身女性隊員全員の海外派遣が可能になった。1941年8月に中東で勤務していたアッツはわずか57名だった。この数字は1945年6月には4196名に達し、また同月の北西ヨーロッパ勤務のアッツは9543名に上っていた。アッツは地中海諸国、アフリカ、合衆国、カナダ、カリブ海諸国、インドでも勤務しており、遠くはエリトリアやキプロスにまで進出していた。

多数の「敵性外国人」── イギリスの交戦国の国民でありながら、祖国を後にした人々はナチスからの難民と考えられていた──は、条件つきでATSへ徴募された。彼女たちが配属されたのは連合軍義勇小隊団（Allied Volunteer Platoons）で、職務は通常、非戦闘的なものに限定されていた。海外生まれの女性でも、両親がイギリス人ならばATSへの入隊が許可された。この志願兵たちは出身国が示された隊名肩章（shoulder title）を付けたが、その出身地は英領マルタ、ニューファンドランド、オーストラリア、カナダなどだった。

1944年にこれらの志願兵たちには、希望すれば自国の婦人補助部隊への移籍が許可されるようになった。さらにATSの「支部」小隊は地中海諸国と中東諸国で、ギリシャ系キプロス人、パレスチナ人、アラブ人なども徴募した。

ATS隊員が受章した勲章や表彰徽章としては、戦没者章238個、銀星付きフランス戦争十字章1個、米軍銅星章4個、米軍戦没銅星章3個だった。

その他のATSの制服については、掲載写真とイラストBのキャプションで解説した。

■WRNS 階級表

WRNS	イギリス海軍対応階級
レン（Wren）	二等水兵（Ordinary Seaman）
兵長レン（Leading Wren）	兵長（Leading Seaman）
兵曹レン（Petty Officer Wren）	兵曹（Petty Officer）
兵曹長レン（Chief PO Wren）	兵曹長（Chief Petty Officer）
士官候補生（Cadet（OTC））	少尉候補生（Midshipman）
三等士官（Third Officer）	中尉（Sub-Lieutenant）
二等士官（Second Officer）	大尉（Lieutenant）
一等士官（First Officer）	少佐（Lieutenant-Commander）
士官長（Chief Officer）	中佐（Commander）
監督官（Superintendent）	大佐（Captain）
司令（Commandant）	准将（Commodore）
総司令（長官）（Chief Commandant（Director））	少将（Rear Admiral）

左頁上●プリーツ入りのタータンスカートを穿いたATSのバグパイプ奏者。1944年に国王陛下の許可により、音楽隊に勤務する9名のATSバグパイプ奏者に狩猟用スチュワートタータンの着用が認められた。さらにスコットランド歩兵部隊本部に勤務するあらゆる階級の人員に、非番時や行事時に着用する私費購入品として、タータン柄スカートの着用が承認された。ATS音楽部は発足時はラッパ隊1個だけだったが、「1団5役」をこなす52人編成の楽団にまで発展し、軍楽隊、鼓笛隊、ないしバグパイプ楽隊としてパレードするほか、ダンス伴奏バンドや弦楽オーケストラも務めた。
(IWM H15534)

左頁下●1942年8月以降型の帽子を除き、この「レン」水兵の制服、すなわちズック製デッキシューズ、ベルボトムズボン、「ホワイトフロント」トップはすべて男物である。レンたちの階級章や職種章は男性の水兵や海曹のものと同じデザインだったが、色が鮮やかな青色である点だけが異なっていた。レン水兵は、運貨船、通船、沿岸水路警備艇などに乗り組んでいた。最盛期のWRNSは総兵力7万4620名だったが、そのうち船舶乗組員は573名だけだった。本部隊の大規模さと職種の多様性のおかげで捻出された男性の員数は、駆逐艦150隻ないし戦艦50隻分の乗組員を上回っていた。
(IWM A24949)

見張りに余念のない英海軍士官の指揮下、.303インチ連装ルイス対空機銃座に配置されたレンたち。スチールヘルメット、防水布を詰めたゴム長靴、作業服の青シャツ、サージ製上衣、ベルボトムズボンを着用している。公式にはイギリス軍補助部隊の女性隊員は兵器を操作しないことになっていた。確かにこの写真は演出されたものだが、僻地の海軍飛行場（レンが要員のかなりの割合を占めることも多かった）でレンが実際に対空射撃に携わったことを示す証拠もある。
(IWM A21881)

英国海軍婦人部隊（WRNS）
Women's Royal Naval Service (WRNS)

　海軍省はWRNS［レンズ］の設立要請案を1939年2月11日に提案した。第一次世界大戦中にWRNS隊員だったミセス（のちにデイム）・ヴェラ・ロートン・マシューズ（Mrs Vera Laughton Mathews）が、4月に長官に就任した。WRNSに関する海軍省規定が8月に公布され、最初の志願者が入隊したのは9月だった。当初「レン」（Wren）が募集されたのは、ポーツマス、プリマス、チャタム、ロサイスといった主要軍港のみで、勤務条件は「固定」形態、つまり自宅から通勤し、基地区域外への派遣はないという規定だった。一般職のレンの基本週給は31シリング3ペンスだったが、専門職である上級のレンでは44シリング9ペンスで、これらは週1シリング3ペンスの「装備維持費」込みの金額だった。

　当初、職種は専門職と一般職だけで、前者には事務職、自動車輸送部、調理部が、後者には店員、配達員、伝令、倉庫員などが含まれていた。やがてWRNSの勤務条件は、志願すれば「移動」形態になったので、必要ならばレンをどこにでも配属できるようになった。この条件は最終的には義務化され、新規入隊者の全員にこの条件が適用された。1945年のレンには90種類以上の下士官兵職、50種類以上の士官職が存在し、それには海軍航空隊の航空機整備員、無線技師など多くの技術職も含まれていた。WRNSの名称には「補助」（auxiliary）という単語が含まれていないが、これは本部隊が最初から海軍の一部だったためである。しかしWRNS士官は敬礼の対象ではなかった。

　WRNS初の医務士官、医務監督官G・ルーキャッスル博士は、赤地に青色線章4条という標準型の階級章を付けていた。のちにこの階級は「海軍外科医」と変更され、その時点で彼女はRNVR［英国海軍志願予備隊（Royal Naval Volunteer Reserve）］の外科大尉となり、制服はWRNSのまま、赤地に金色縞織されたRNVRの階級章と、金色リースの縁どり付きの英国海軍士

1941年4月、20名の気球縫製工がWAAF初の阻塞気球繋留隊員として訓練を受けた。作業は重労働だったが、14名のワフで9名の男性を代替できることが判明し、1942年末には1万5700名の女性がこの任務に就いていた。勤務服は重労働に不向きなため、1941年7月撮影の本写真のように、初期の部隊には体型に合わない男性用制服エアクルー（Aircrew）——英空軍の戦闘服に相当——が支給されていた。同年後半にこれはサージ製のWAAF用作業服に変更された。通常の制帽は英空軍章付きの黒ベレー帽で、後頭部に寄せて被った。

地中海戦線のある海軍司令部に到着直後、観閲を受ける新任レン部隊。終戦時、レンはワシントン、ケープタウン、ナイロビ、キリンディ、アレクサンドリア、バスラをはじめとする30カ所以上の海軍拠点に配置されていた。海外に最初に進出したのは、1941年初めにシンガポールに派遣された21名だった。彼女たちは同市が日本軍に陥落する数週間前に安全に脱出した。同じくアレクサンドリア駐在のレンたちは、1942年夏にロンメルのアフリカ軍団がエジプトに侵入する直前にイスマイリアへ脱出した。制服は、前ボタン4個とウェストベルトが付いた白木綿製の熱帯用ドレス、白のズック靴、ソフトトップで幅広いつばのある白カバー付きの帽子だった。制帽は1942年8月に男性水兵のものに似たソフトトップの青いウール製水兵帽に変更されたが、熱帯型は上部が白の木綿製だった。白木綿製のドレスはすぐ皺になりやすく、みすぼらしく見えがちだった。1942年に白木綿製のブラウス型上衣とスカートからなるツーピース型熱帯用作業服が追加導入された。
WREN下士官兵の熱帯用被服類は、木綿製ドレス3着、熱帯用ブラウス6着、スカート6枚、ズック靴2足、ストッキング2足、くるぶし丈靴下4足、熱帯用帽1個に同カバー3枚、そして熱帯用オーバーオール（青い作業用ドレス）2着だった。（IWM A9000）

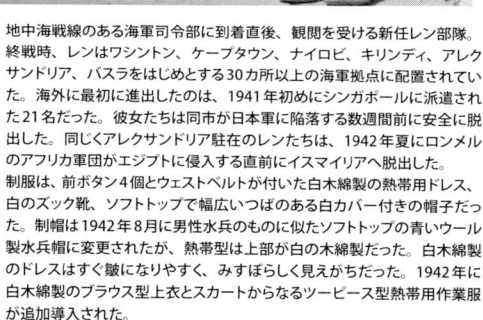

講習中のWAAF気球外皮補修員たち。服装は初期のWAAF用軍用オーバーオール型作業服各種で、前合わせがラップオーバーしたもの（後列）は、WRNSではネイビーブルー、ATSではカーキだった。青色のワンピース型オーバーオール（前列）は男性用士官給品である。各人とも青シャツ、黒ネクタイ、WAAF帽を着用している。のちにラップオーバー型オーバーオールは、ボタン留めの前合わせ、ヒップポケット付きの婦人服型ワンピースに三軍とも更新されたが、服の名称は変更されなかった。イラストC3参照。（IWM CH174）

■ WAAF階級表

1940年1月以前	1940年1月以降	イギリス空軍対応階級
二等兵（Aircraftwoman 2nd Class）	（変更なし）	二等兵（Aircraftman 2nd Class）
一等兵（Aircraftwoman 1st Class）	（変更なし）	一等兵（Aircraftman 1st Class）
（階級なし）	上等兵（Leading Aircraftwoman）	上等兵（Leading Aircraftman）
分隊長補（Assistant Section Leader）	伍長（Corporal）	伍長（Corporal）
分隊長（Section Leader）	軍曹（Sergeant）	軍曹（Sergeant）
上級分隊長（Senior Leader）	曹長（Flight Sergeant）	曹長（Flight Sergeant）
（階級なし）	准尉（Warrant Officer）	准尉（Warrant Officer）
小隊長補（Company Assistant）	分隊士官補（Asst. Section Officer）	少尉（Pilot Officer）
小隊長代理（Deputy Coy. Commander）	分隊士官（Section Officer）	中尉（Flying Officer）
小隊長（Company Commander）	小隊士官（Flight Officer）	大尉（Flight Lieutenant）
上級指揮官（Senior Commandant）	中隊士官（Squadron Officer）	少佐（Squadron Leader）
総指揮官（Chief Commandant）	ウィング士官（Wing Officer）	中佐（Wing Commander）
統括官（Controller）	グループ士官（Group Officer）	大佐（Group Captain）
上級統括官（Senior Controller）	航空司令（Air Commandant）	准将（Air Commandore）
（階級なし）	航空総司令（Air Chief Commandant）*	少将（Air Vice-Marshal）

*原注：この階級は、1943年1月1日のトレファシス・フォーブス航空総司令の就任に際して設けられた。1943年3月22日付でこの役職にはグロスター公爵夫人妃殿下（HRH The Duchess of Gloucester）が任命され、前任者トレファシス・フォーブス航空総司令は1943年10月4日にWAAF長官（Director）に就任した。

1942年5月、ワシントンDC。新設された米陸軍婦人補助部隊（WAAC）の制服が公表された。（左から右へ）「チョコレートとピンク」の冬用士官制服、カーキの夏用士官制服、OD［オリーヴドラブ］の冬用補助兵制服。この時点では、各制服には布製ウェストベルトが付き、冬用補助兵制服は、上衣が暗めのOD、スカートが明るめのODという二色仕様だった。1942年10月にウェストベルトが廃止され、補助兵の冬用スカートは上衣と同じOD色の仕立てとなった。士官は「チョコレートとピンク」の組み合わせのままだった。

官帽章を装用した。その後、すべての婦人医務士官はRNVRに直接入隊することとされ、WRNS隊員ではなくなった。

WRNSの制服類については、掲載写真とイラストAのキャプションで解説した。

空軍婦人補助部隊（WAAF）
Women's Auxiliary Air Force (WAAF)

ATSは本来、陸軍と空軍に補助隊員を提供するために編成されたが、1939年中盤には2000名のATS兵が英国空軍の48個中隊に「配属」されていた。1939年3月に青色の上衣、スカート、帽子からなる新型制服が英空軍に導入されていたが、WAAF［ワフ］が発足した6月の時点で、空軍訓練学校の士官でこの制服を受領していたのはごく少数だった。この新組織の人員の大半は、それまで英空軍の中隊に勤務していた隊員をATSからWAAFへ移籍することで確保された。7月1日にWAAF初代長官が任命された。第一次世界大戦中、婦人志願予備隊に勤務していたトレファシス・フォーブス航空司令（Air Commandant Trefusis Forbes）は、WAAFの編成に先立ち、第20空

1942〜43年の冬、北アフリカへ向かうため東海岸のある港に集結した最初のWaac派遣隊。本部隊は現地でアイゼンハワー中将の指揮下に置かれた。アン・ブラッドレー分隊長（三等軍曹）の敬礼に対し、答礼するホビー長官。ホビーは士官用オーバーコートを着用している。隊員はWAAC一般兵用初期型コートを着、勤務靴の上にゴム製ブーツを履いている。「トーチ」上陸作戦直後の北アフリカの部隊では、WAACのタイピストと電話交換手を大至急必要としていた。全員が志願者だったが、補助部隊ゆえの各種の制限を歯がゆく感じていた。WAACの士官や補助兵の給与は、男性兵士と同等の勤務形態と階級であるにもかかわらず、50％も低かった。まったく理不尽な話だったが、1942年10月26日に議会で給与均等化法が成立し、不平等は解消された。

WAACの二等士官、ウール製の士官用制服に「ホビーハット」を着用している。これは「モンキーハット」と揶揄されることもあった。WAAC士官章である鷲章は、不恰好さからよく「歩くガチョウ」ないし「歩くアホ鷲」と呼ばれたが、WAACが補助部隊から正規部隊に昇格する1943年7月まで使用された。WAAC鷲付きのプラスチック製ボタンと、（かろうじて見える）初期型の「縦付け」肩章に注意。後者はのちに通常型の肩章に変更された。

軍ATS中隊長に赴任した。

　WAAFには1939年9月1日に動員令が下され、初の「ワフ」（Waaf）たちが空軍基地に配属された。当時の組織はやや暫定的なものだったが、12月に最初の制服規定、階級制度、内規が空軍省令A550/39号によって定められた。1942年4月、国民兵役法による最初の徴集兵が入隊した。終戦時にはWAAFに所属する18万2000名の女性は、イギリス本土の英空軍兵力の22％にも達し、全世界に展開する英空軍総兵力でも16％を占めていた。空軍の婦人部隊には22種類の士官職と75種類の職種があり、本土防空部隊では位置表示地図やレーダー表示図の標識員から倉庫員やパラシュート格納庫係までを務め、さらに職場は偵察写真現像所からトラック輸送部、食堂厨房から阻塞気球基地にまで及んでいた。

　WAAF隊員の勲章受章例としては、ジョージ十字章（ヴィクトリア十字章に次ぐ顕勇章）3個、軍の勲章6個、戦没者章1489個、顕勇勲章2個などがあった。

　WAAFの制服類については、写真とイラストCのキャプションで解説した。

アメリカ合衆国
UNITED STATES OF AMERICA

陸軍婦人補助部隊（WAAC）
陸軍婦人部隊（WAC）

Women's Army Auxiliary Corps (WAAC)
Women's Army Corps (WAC)

　米国陸軍を非戦闘任務面で支援する婦人補助部隊の設立法案は1941年5月14日に提出されたが、成立までの道は険しかった。陸軍参謀総長ジョージ・C・マーシャル大将までもが、婦人兵導入構想について激しい非難を浴びた。ヨーロッパにおける戦況から、より本格的な法整備が必要とされ、最終的に法案が成立するまでにそれほど長い時間はかからなかった——が、わずか11票の僅差での可決だった。徹底的な審議ののち、陸軍婦人補助部隊／ワック（Women's Army Auxiliary Corps/WAAC）が1942年5月14日、アメリカの参戦から5カ月後に発足した。間もなくその隊員数は劇的に増加したが、

1944年1月。北アフリカの港に到着したワックの派遣隊。WACの婦人兵は全員がM1ヘルメットとオーバーを着用している。WAC用雑嚢、M1936ピストルベルト、軽装型ガスマスクは、階級に関わらず携行した。こうした海外で勤務する米軍婦人兵の映像は頻繁に紹介され、WACが必要とあればどこへでも行き、戦争に充分な貢献を果たしていることを人々に伝えた。

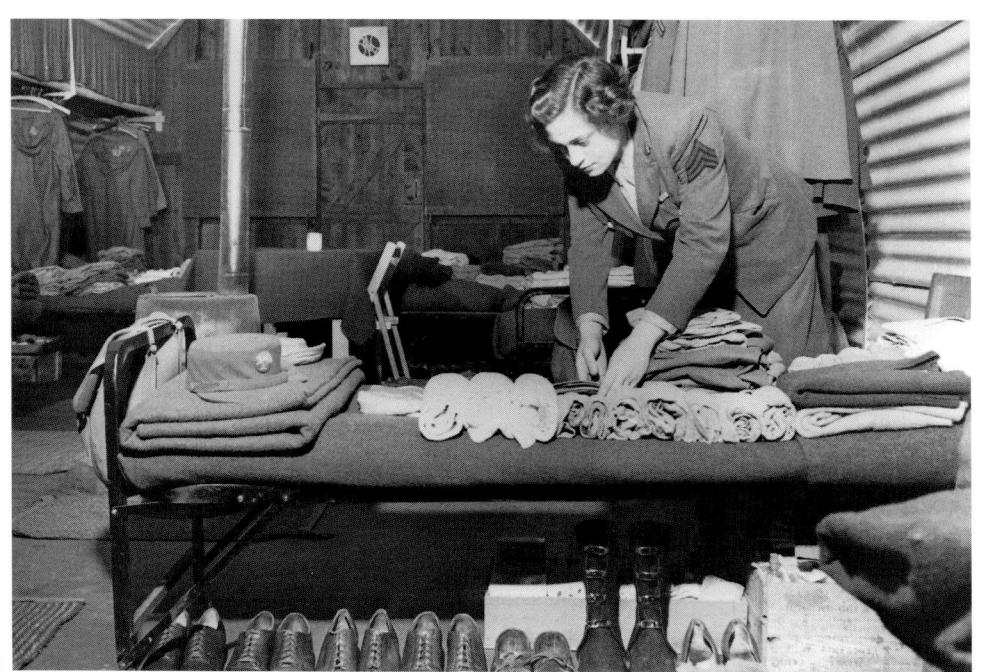

装備点検に備え、制服と装備品を陳列するWAC軍曹。履物は少なくとも7足あり、極地用オーバーシューズ、勤務靴、毛皮縁どり付きの規格外品の室内履きが見られる。寝台架にM1936小型肩掛け雑嚢が引っ掛けられている。畳んだ毛布の上には、WAAC鷲章付きの勤務帽、夏用帽、M1941「ビーニー」(Beanie) 帽が見える。袖の山形階級章の下にWAACタブがないこと、帽子にWAAC鷲章がまだ付いていることから、撮影は補助部隊扱いから脱却した直後の1943年7月頃らしい。この下士官はWAAC鷲付きのOD色プラスチック製ボタンをすでに米陸軍規格型の真鍮ボタンに付け直しているが、これが公式に承認されるのは1944年中盤である。1943年7月から1944年4月までに新規生産された被服には、従来の「旧型鷲」ボタンのストックが無くなりしだい、米陸軍の紋章付きのOD色プラスチック製ボタンがとり付けられた。(US National Archives)

1943年7月1日に議会で同部隊を正式にアメリカ軍に所属させることが法律で定められた。これ以降、本部隊は陸軍婦人部隊（Women's Army Corps）となった。

　WAACの募集指針では、対象者を教育のある中産階級としていた。この厳しい指針のため、初期のWAAC入隊者は90％が大学卒だった。この基準はその後、入隊者数を増やすために緩和された。軍籍への仮登録にあたり、すべての応募者に米国市民権の所有と21歳から44歳までの年齢であることを示す証明書の提出が義務づけられた。善良な人物かを確認するため、親戚以外で知的職業または実業に従事する2名の人格保証人が必要とされた。また注意力テストと厳しい運動能力テストにも合格しなければならなかった。既婚女性は負債がないことを証明すれば入隊できた。また14歳未満の子供がいる既婚者は、母親が入隊しても子供の世話を代われる人物がいることを証明する必要があった。

　イギリスのATSを念頭に置いていたにもかかわらず、WAACは発足の以前も以後も、職務の範囲が制限された非戦闘員部隊とされ続けていた。ATSが3年間以上も戦争を通じて苦労の末に学んだ教訓は、ほとんど生かされていなかった。最初の計画ではWAACには事務職の補佐程度しか期待されていなかった。しかし誰もの予想に反し、戦争の進行とともに専門職の部門数は増加し続け、その多くは大戦勃発以前には女性が担当するとは考えられなかったものだった。1943年末には「ワック」（Wac）が担当する専門職は155種類以上に達し（終戦時には240種以上までに増加）、その主な分野だけでも、医療、人事、科学、写真、事務、通訳、暗号、製図、無線その他の通信、輸送、機械整備、被服、調理、補給にまで及んでいた。こうした職種の大半には何らかの経験が必要であり、ただ単に以前その仕事をしていただけというものから、無線技術者での工学学位取得者であるまで、そ

の幅は広かった。基本的軍事訓練は当初6週間行なわれたが、のちに5週間に減らされた。その後ワックは軍籍に登録されるか、またはさらに専門職訓練を継続したが、その期間は自動車輸送学校の6週間から、写真技術者の12週間までさまざまだった。

戦前から開戦後の数年間にかけ、合衆国の各地で婦人団体が乱立したが、その多くは婦人クラブのようなもので、自分たちでデザインした制服を着、その階級構成は軍のものとはほとんど関連がなかった。WAACはその公認された地位を制服のデザインにも反映し、色、裁断・縫製、徽章類は男性兵士のものに準じていた。しかし国家防衛法に定められた補助部隊という位置づけにより、一般の軍人と完全に同じ軍服を着ることは禁止されていた。1942年5月に国家防衛法の適用範囲は、WAACの制服にまで広げられた。

1942年当初、WAACの入隊者数は1万3000名に上り、1943年末の兵力は18万名になると予想された。だが1943年の実際の兵力は6万1403名にすぎず、1944年4月では7万名で、最多を記録した1945年4月でも9万9288名だった。しかしこの累積兵力の増加率と、婦人兵の職域の拡大までもが、主計総監部（Office of Quartermaster General/OQMG）にとっては大きな負担だった。元々はウール製の勤務服が唯一の制服だったが、これだけではその後担当することになった各種の職務に適応できなかった。このため各種の作業服類が支給されるようになったが、そのひとつが杉綾織作業服（Herringbone-twill (HBT) fatigue）だった。

このWAC隊員が着ているオーバーコートは、規格型ボタン4個が2列に付き、襟は掛け外し式、背中側のボックスプリーツには2個の留めボタンでハーフベルトが付けられていた。男性用略帽の左前側に、この一等兵はWACのパラス・アテネ章をピン留めしているが、これは正確には下襟章である。これを右側に付けた写真もある。

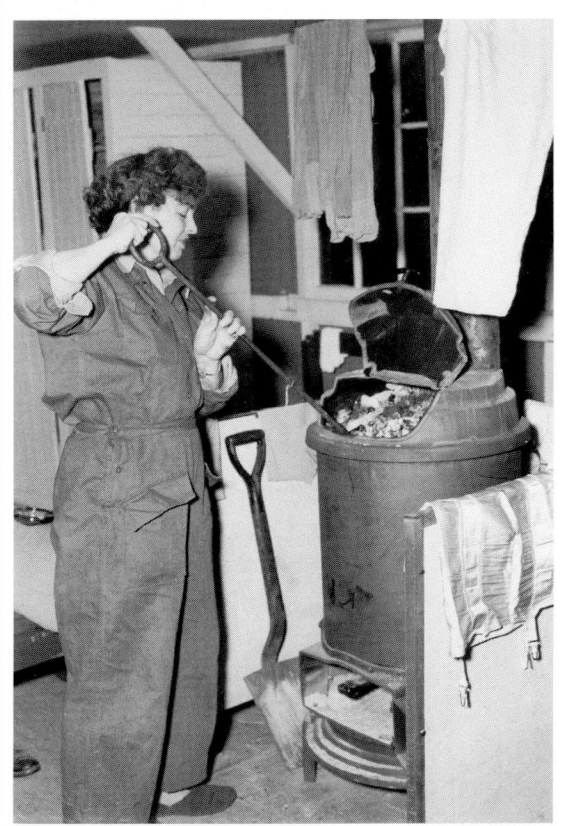

宿舎のストーブに石炭をくべるワックで、（木綿製の「短ブラウス」の上に）女性専用の杉綾織シャツと、揃いの女性専用杉綾織ズボンを着ている。特徴的な斜めポケットと、ヒップボタンに注意。このツーピース型HBT（Herringbone Twill＝杉綾織）服は、自動車運輸隊員と屋外作業員に支給されていた初期型のワンピース型HBT作業服に取って代わった。ストーブの周りに干してあるのは「GIナイロン」[サスペンダー]数本とWAC用ガードル1枚。

イギリスの町中を行進する米軍ワック派遣隊で、銃を持っていない点以外は軍隊そのものに見える。服装は、US M1規格型ヘルメット、M1943女性用外戦闘服、女性用外衣ズボンである（イラストF2参照）。M1928背嚢に巻き毛布、M1936ピストルベルトを携行している。海外に派遣されるWAC隊員には新型のM1943 OD色戦闘服が優先的に支給されたが、これは男性兵の多くがこの服の同等品を受領する前だった。1944年9月の時点でヨーロッパに展開していたWAC隊員は5435名で、うち310名が士官だった。ETO［欧州作戦地域］の兵力は1945年7月に最大の8316名に達したが、この数字は同年末には1476名へ減少した。(IWM PL57044)

WAAC／WACの制服開発
Development of WAAC/WAC uniforms

　新しい軍服を開発する際、多くの委員会や関係者団体が関わるために起こる実務的な諸問題について、米軍のWAACを例に比較的詳しく取り上げたい。制服の進歩にまつわる同様の試行錯誤は、他の国でも同じようなものだった。

　1942年3月11日、冬用勤務服に陸軍用の染料と12オンス［約340ｇ、1平方ヤードあたり］の羊毛を使用することが承認された。上衣開発の経緯は

1945年冬、イングランドにて。士官らの査閲を受ける「黒人」ワック派遣隊。アメリカ軍において人種隔離政策は一般的だったが、さらなる差別により門戸が「非白人」に開かれた職種は限られていた。最盛期には4040名のアフリカ系米人女性がWACに在籍していたが、これは全WAC隊員数のわずか4.5％にすぎなかった。写真のWAC隊員たちは1942年3月に制式化された冬用勤務服を着用している。被っているのはパイピング付きのWAC用ウール製ガリソン帽で、これは1945年に従来の「ホビーハット」を正式に更新し、あらゆる場で着用された。手前の士官は女性士官用OD色ウール製上衣を、奥の士官は女性士官用ウール製オーバーコートを着用している。(US National Archives)

＊原注：1943年7月の統合後、WACは陸軍の階級を採用した。

■ WAAC階級表 1942-43＊

WAAC	アメリカ陸軍対応階級
士官	
長官（Director）	大佐（Colonel）
長官補佐（Asst. Dir.）	中佐（Lt. Col.）
野戦長官（Field Dir.）	少佐（Major）
一等士官（1st Officer）	大尉（Captain）
二等士官（2nd Officer）	中尉（1st Lt.）
三等士官（3rd Officer）	少尉（2nd Lt.）
補助隊員（下士官／兵卒）	
一等指揮長（1st Leader）	曹長（Master Sergeant）
技術分隊長（Tech. Ldr.）	技術軍曹（Tech. Sgt.）
先任分隊長（Staff Ldr.）	二等軍曹（Staff Sgt.）
分隊長（Leader）	三等軍曹（Sergeant）
分隊長補（Junior Ldr.）	伍長（Corporal）
一等補助兵（Aux. 1st Class）	一等兵（PFC）
補助兵（Auxiliary）	兵（Private）

1945年、ETO［欧州作戦地域］でのWAC誕生祝賀会。大半が冬用勤務服だが、士官と准士官（ケーキ右、リボン略章佩用）は、暗い「チョコレート」OD色のウール製制服である。ケーキ左の2名の下士官は、導入間もない「戦闘服」ないし「アイクジャケット」を着ている。こうした被服類の要求は本来は却下されるはずだったが、1944年の冬にETOのワックたちはイギリスで製造・調達された短上衣を着ていた。これが方面軍司令官、WAC部隊、主計総監部の間で議論を巻き起こした。最終的に陸軍省参謀本部人事課により、その着用が正式に許可された。しかし1945年初めの時点で、この服を採用していたのは陸軍看護婦隊だけだったが、VEデイ［欧州戦勝日］まで主計部から実際に支給されることはなかった。女性用ウール製戦闘服の着用が許可されたことにより、ETOと米本土の士官はこぞって各種の制服を購入したが、ETOの女性兵は一部の地域でのみ着用が認められていたイギリス製のものを着続けていた。のちにこの服はフランスでも製造され、パリの高級洋服店のラベルを付けたものも多かった。（IWM FRA203532）

紆余曲折をたどった。たとえば最初のデザインはベルト付きだった。1942年3月にベルトはなくなった。4月にまた採用されたが、同月中に再び取り除かれた。そして5月に背広型上衣にベルトは再度導入され、その生産が承認された。この型の上着の第一次生産は1942年6月だったが、そのデザインは長続きしなかった。10月にまたもやベルトが廃止され、それ以降のすべてのWAAC上衣から姿を消した。こうした瑣末な部分にこだわり、融通のきかない優柔不断な対応は、当時のWAAC制服開発における関係者たちの連携不足を物語っている。果てしない細部のデザイン変更は大戦を通して続けられた。

最初はスカートキュロット［スカート風半ズボン］やスラックスが計画されたが、オヴィータ・カルプ・ホビー長官（Director Oveta Culp Hobby）の反対によりそれらの案は却下され、まっすぐな「A」ラインの6枚ゴア［台形生地］製のシンプルなスカートに決定された。その結果、体型への適合に若干の問題が生じたが、特にヒップ部は曲線的なデザインの方が現実に合っていた。スマートな見た目とより身体に合ったフィ

ッティングのため、細部の改良が可能な限り取り入れられたが、スカートという基本方針は堅持された。米陸軍兵の上衣とズボンのように、WAAC隊員の冬用制服でスカートを上衣より明るめのOD（オリーヴドラブ）色にして、二色仕様にする計画もあった。この方針はスカートと上衣が同色なのが好ましいと変更されたが、その結果さまざまなメーカーが使用している生地の色を完全に統一するという困難な問題が生まれた。

　制服開発計画のかなり初期の段階で、女性には何らかのハンドバッグが不可欠であることが判明した。採用されたバッグは、本体は左側に下げたが、ストラップは右肩へ斜めに掛けた。1943年6月付のWAAC服装規定はこれを変更し、先に述べたとおり、バッグ本体は左側に下げたまま、ストラップは左肩に掛けることとした。これによりストラップがずり落ちやすくなったため、その防止用にストラップにとり付ける小型の滑り止めパッドが開発されることになった。このパッドが生産に入る直前の1943年11月8日、この新服装規定は再変更され、従来の掛け方に戻された。

　ホビー長官はWAAC用の制服開発において重要な役割を果たした。彼女の意見によって大部分の被服類の基本デザインが決定されたが、その最たるものがWAAC帽だった。ホビー長官の方針に従い、この帽子は芯入り帽で庇付き、士官でも兵でも着用できるものとされた。1942年5月13日にノックス・ハット社（Knox Hats）から提出された帽子が採用された。間もなくこれには「ホビーハット」（Hobby Hat）の愛称が付けられたが、多くの不満も寄せられた。この帽子は洗濯と形直しが難しく、注意深く梱包しなければ簡単に潰れてしまった。被り心地も当時陸軍が使用してい

この中尉が着ているのは合衆国海軍婦人予備部隊（WAVES）のスマートな冬用オーバーコートで、金ボタンと青の袖口線章が付く。士官帽の上部は冬用が黒で、夏用が白だった。これには海軍規格型の銀色と金メッキの鷲と錨をあしらった士官帽章が付いていた。この服装は白の絹製正装用スカーフと黒の革手袋で完成する。

L・W・ベントレー画伯による合衆国沿岸警備隊婦人予備部隊の募集ポスター、1943年。上襟と下襟のカットに注意──これは米国海軍のWAVESの青い勤務服上衣と同じだった。
(The Women's Memorial, Washington DC)

右●兵舎の階段を「上甲板」へと上る合衆国海兵隊婦人予備部隊の三等軍曹。着用しているのは婦人予備部隊用のフォレストグリーンの冬用勤務服と揃いの帽子で、帽子には赤色コードと「EGA」帽章が付く。手にした装備には、M1936ピストルベルトと官給品の「フィールド」（トレンチ）コートも見える。USMCWRたちは海兵隊の伝統を誇りにし、海兵隊の最精鋭部門「ガニーズ」(Gunnies)を除く各部門に直ちに配属された。（イラストG1も参照）

左頁下●1945年3月、アメリカ赤十字の献血車の前に並ぶ海軍の「ウェイヴ」たちだが、これだけの小人数でも各種の制服──青の勤務服、綿サッカー製の夏用正装服（イラストG2参照）、勤務服スカートに上着なしの夏季服装が見て取れる。大戦のこの時期、リボン付きの旧型帽は、青色ないし綿サッカー製のギャリソン帽に更新されつつあった。入隊に際し、「ウェイヴ」あるいは「スパー」たちには被服費として200ドルが支給された。160ドルは官給品の購入費で、残りの40ドルは靴と下着用だった。

たギャリソン帽［略帽］より劣っていた。これが1943年初めのWAAC用ギャリソン帽の要求へとつながった。しかし当時、陸軍が今後もギャリソン帽を使い続けるかは不透明だった。1944年4月にようやくWAC用ギャリソン帽の製造と支給が正式に承認されたが、これは略帽扱いにすぎず、正装帽には相変わらず「ホビー」が居座っていた。1943年以来、WAC隊員は男物の略帽を受領して被り続けてきたが、1944年にWAC用ギャリソン帽が導入されたにもかかわらず、ヨーロッパでの終戦までにこれを受領した隊員はごくわずかで、大部分が男性用の略帽を被り続けていた。1945年初めに「ホビーハット」はようやく廃止され、代わりにギャリソン帽があらゆる場で着用されるようになった。

戦闘服
Field Uniform

1943年初めにはWaacは北アフリカ戦役に従軍していたが、作戦用飛行場やその他の多くの戦地で戦闘服が必要となった。当初は男性用の戦闘服とウール製ズボンが支給された。しかしATSで判明していたように男物の衣服は女性の体型に合わず、専用の制服を作る必要が生まれた。

主計総監部はすでに重ね着理論についての実験を行なっていた。その基本理論とは、複数の薄い衣服によって身体の周りにできる空気層が保つ熱量は、同じ厚さの1枚の衣服によるものよりも格段に大きいということだった。最も効果の高い衣類と考えられていたのは、ウール製のベスト、下着パンツ、靴下、スカート、ズボン、セーター、パイル織の上衣裏地、ズボン下、風を通さない外衣上着と外衣ズボンだった。これらを組み合わせて着るほかに、

例えばウール製のニット帽、手袋、スカーフを加えれば、体温調節は各衣類を着脱することで、幅広い条件に適合しうる全気候対応型の制服が完成するわけである。

　この研究はWACの屋外作業服の開発に大変役立った。新型制服の一部になる外衣ズボンは、上衣の導入よりもずっと早期に支給された。防風防水加工された9オンス［約255g］のOD色木綿サテン製外衣ズボンが1943年6月26日に制式化された。開発中、パイル織裏地付きのズボンは分厚くなりすぎることが判明し、20オンス［約570g］のウール裏地に変更された。このズボンは当初WAAC兵用多目的コート（丈の長い軽防水トレンチコートで、のちに女性用フィールドオーバーコートに更新された）や、公式には看護婦のみに支給された男物のOD色戦闘服（「パーソンズ・ジャケット」）と組み合わせられたが、男物のM1943戦闘服の導入後はその小サイズ品とともに穿かれた。

　女性用戦闘服の開発は1942年秋に開始され、最終的なデザインは男物のM1943型に準じたもので、1943年末に女性用M1943戦闘服として制式化された。当初の裏地は戦闘服のものをコピーしたパイル織だったが、前合わせは女性型の左前になっていた。これは分厚すぎ、サイズも合わないことが判明したが、各部のフィッティングを綿密に検証した結果、特にヒップがきつすぎることが判明した（これは男物の上着をそのままコピーしなければ避けられた問題である）。20オンスのウールフランネル製ジャケットが1944年8月30日に制式化されると、この上着は廃止された。

　主計総監部には陸軍に被服類を納入してきた長年の実績があったが、これは女性の体型にまつわる諸問題には役立たなかった。女性用には、ロング、レギュラー、ショートという規格サイズが設けられただけだったが、これには女性のバストとヒップのサイズの大小が全然考慮されていなかった。民間市場ではサイズの単純規格化は決して行なわれることはなく、各メーカーが独自の規格を作っていることが多かった。1945年に主計総監部は婦人服業界から充分な経験を積んだ技術者を多数集め、ようやく婦人被服部が設立された。

徽章
Insignia

　服装規定によりWAACには当初、米陸軍の紋章である鷲が付いた帽章、陸軍型ボタン、兵科襟章の使用が認められていなかった。陸軍紋章部は別デザインの鷲章を創案し、これがWAAC司令部により帽章とボタンに採用された。この少々不恰好な鷲（イラストF4参照）は、士官の「ホビーハット」に付けられた。補助兵たちは円盤にあしらわれたこの鷲の小型版を使用した。1943年7月にWAACをWACに再編するにあたり、帽章の見直しが行なわれた。

第2ATS士官見習訓練学校のATSおよびカナダ陸軍婦人部隊（CWAC）の見習士官と握手するレスリー・ワットリー総括官（Lesley Whateley）（左）は、1943〜46年にかけてATS長官を務めた。ATSの見習士官は1941年型上衣の簡易版と、芯入り庇に革製顎紐の付いた二次型制帽を着用している。カナダ人見習士官は、胸ポケットが1個なのが異なる標準型のカナダ軍冬季用勤務制服と、やはり相違点のあるCWAC帽を着用している。両見習士官とも見習士官の特徴である白の帽帯を巻いている。

その結果、WAAC徽章のストックが無くなりしだい、陸軍規格型の徽章に変更することが決定された。この過渡期には両方のスタイルが混在していた。

　金属の節約のため、1942年3月にWAACのボタンをOD色のプラスチック製に変更することが決定された。WAAC鷲の図案は、最終的にすべての階級の制服ボタンに採用された。WACへの再編に伴ない、米陸軍の紋章が採用されることになり、当初のそれはOD色プラスチック製だった。深刻な真鍮不足が解消したため、1944年4月に真鍮製ボタンへの変更が承認されたが、この決定は多くの隊員が見栄えのよさから望んでいたものだった。WAACとWACのボタンはすべて25リーニュ（5/8インチ[1.59cm]）、36リーニュ（9/10インチ[2.29cm]）、45リーニュ（1と1/8インチ[2.86cm]）の規格サイズで製造された。

　隊の発足に際し、補給部規格課のL・O・グライス大佐から襟章が提案され、兜を被ったギリシャの女神パラス・アテネ（Pallas Athene）が、1942年5月10日にWAAC司令部により採用された。（原注：この女神には2つの性格があった。パラスは嵐と戦いの女神で、アテネは平和と人智の女神だった。）WAACの襟章は、士官と補助兵の両方が装用したが、後者は円盤にあしらわれたものを使用した。

　検討の結果、陸軍型の山形階級章が導入された。補助部隊員と陸軍の正規下士官を区別するため、図案に何らかの工夫が必要となった。WAACの下士官は、山形章の下に「タブ」——6cm×2cmの「古金色」（Old Gold）（原注：くすんだ黄色）をした帯で、「WAAC」の文字がモスグリーンで刺繍されていた——を装用することになった。このタブは1942年8月4日にWAAC司令部によって承認された。古金色とモスグリーンは、すでに部隊色として3月25日に採用されていた。このタブは1943年7月にWAC下士官が男性下士官と同等の地位を得てからは装用されなくなった。

　欧州大戦の終結時には、WAC独自の徽章類はすでに大半が廃止されていたが、唯一の大きな例外は「古金色」と緑色の帽子パイピングだった。パラス・アテネの襟章はあまり使用されず、代わりにワックたちが配属されていた陸軍部隊の職種章が幅広く使われていた。ワックには各種の職種章の装用が認められていたが、歩兵科、騎兵科、野戦砲兵科、沿岸砲兵科、機

カナダ空軍婦人部隊（RCAFWD）音楽隊の「ウィッド」太鼓手たちで、冬用勤務服に二次型帽を被っている。一次型はイギリスのWAAF帽のコピーだったが、庇が布製だった。帽章はカナダ空軍規格型のリースと王冠だった。夏には同様の制服でカーキドリル製のものを着たが、ウール製の帽子は同じだった。

男性隊員から講習を受けるオーストラリア陸軍婦人部隊（AWAS）照空灯隊員。タン色の木綿シャツとスラックス、スチールヘルメット、ガスマスクを身に付けている。対空砲兵隊には全要員がAWAS隊員だった指揮所もあり、砲射撃以外の対空砲兵隊の任務は、すべて女性に開かれていた。

甲科、戦車駆逐科ではその限りではなかった。これらの部隊に配属されたワックたちは、パラス・アテネ章を装用し続けた。

WAC隊員たちが大戦中に授章された多くの勲章には、10個の軍人褒章（Soldier's Medal）も含まれるが、これは自らの生命を懸けた英雄的行為に対して与えられる勲章だった。

合衆国海軍婦人予備部隊（WAVES）
Women's Reserve of the United States Naval Service (WAVES)

WAVES［ウェイヴズ］は1942年5月に議決された法案によって発足したが、その名称は「Women Accepted for Volunteer Emergency Service」（有事義勇軍所属の婦人部隊）に由来していた。20歳から36歳までの入隊者は、戦争の終結まで合衆国の大陸部内のみで勤務すること、終戦から6カ月以内に除隊することを宣誓させられた。当初、彼女たちは米海軍軍人との結婚が禁止されていたが、沿岸警備隊などのアメリカ海軍以外の軍種や部隊の男性との結婚を禁止する規則はなかった。これらの規則はのちに緩和されたが、米海軍士官の妻の入隊を禁止する条項は残ったままだった。「ウェイヴ」（Wave）には海軍軍規の遵守が求められ、給与体系は米国海軍と同一だった。

大学卒の入隊者は士官候補生にも応募でき、その場合は二等水兵の階級を与えられた。任官士官はウェイヴと同一の制服を着たが、制帽、上衣の金ボタンと袖口線章、正装の白スカートが異なっていた（一般の婦人水兵は「予備部隊ブルー」のスカートを正装で着用）。士官候補生の年齢上限は49歳だった。

1944年の春には6万3000名のウェイヴが米国海軍で勤務していた。制服の解説は掲載写真とイラストG2のキャプションを参照されたい。

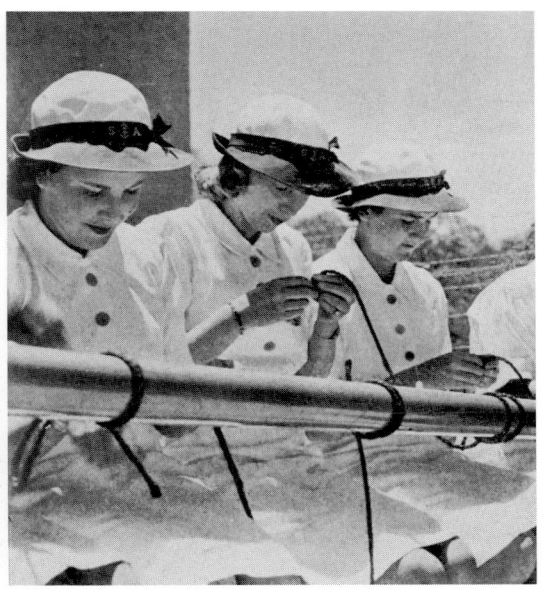

上左●カイロで全英祝日のパレードに参加する南アフリカの陸軍婦人補助部隊（WAAS）補助隊員たち。全階級が夏用の薄手木綿製の制服を着ている。婦人兵では珍しく、士官たちが斜め吊り帯付きの帯剣用革ベルト（Sam Browne belt）を締めている。士官のスカートには正面中央にプリーツが入る。士官帽は兵卒とは違い、プリーツのない「角」型で、兵卒用の帽子はATS帽のコピー版。

上右●ロープワーク（結索法）を学ぶ南アフリカ海軍婦人補助部隊（SAWANS）の「スワン」たち。2週間の基礎訓練のひとコマ。南ア海軍は、他の英連邦諸国ほどにはスワンを組織内に導入しなかった。配属先は当初、事務部門と技術部門の2つの職種に限られていたが、のちに通信部門が加えられた。

合衆国沿岸警備隊婦人予備部隊（SPARS）
Women's Reserve of the United States Coast Guard (SPARS)

　合衆国沿岸警備隊は国軍の一種であり、アメリカ合衆国軍の軍種としては最古のものである。「SPARS」（スパーズ）の名称は、沿岸警備隊のモットー、「Semper Paratus」（「常に備えよ」）からの造語である。1942年11月に採択された法律によって発足したSPARSは、その組織、訓練、服装、任務が、WAVESに非常に似ていた。本部隊は米国沿岸警備隊の沿岸施設と基地を支援していた。制服はウェイヴと同一だったが、水兵は「US COAST GUARD」（合衆国沿岸警備隊）の帽リボンを、士官はUSCG［同頭文字］帽章を装用した。どの階級でも制服には沿岸警備隊ボタンが付き、絡み錨の図案が下襟に、盾章が袖に付いた。ウェイヴ同様、スパーにも艦上勤務はなかった。当初の見積もりでは1944年中盤には8000名のスパーが現役勤務に必要とされたが、1944年春には1万2000名以上の女性が在籍していた。SPARSは最終的に1946年6月30日に解隊された。

合衆国海兵隊婦人予備部隊（USMCWR）
United States Marine Corps Women's Reserve (USMCWR)

　WRs（Women's Reserves＝婦人予備部隊）は1943年に創設された。この婦人部隊は米国海兵隊の一部であり、海兵隊の伝統を誇りをもって堅持していた。初期訓練はノースカロライナ州のキャンプ・ルジュヌで行なわれた。入隊と同時に士官に任官されることもありえたが、ほとんどの士官は下士官から任官された。WRは男性兵と同額の給与と手当を受け取ったが、「扶養手当」だけは支給されなかった。WRの基本制服は以下の被服類で構成されていた。冬用制服2着、冬用帽1個、トレンチコート1着、カーキ色シャツ6枚、カーキ色ネクタイ6本、夏用制服4着、夏用帽1個、ハンドバッグ1個、夏用ハンドバッグカバー1枚、手袋2双（夏冬用各1双）、ストッキング4足

である。1944年にWRは2万2000名に達した。彼女たちは多くの種類の任務を果たしたが、その中でも海兵隊航空隊の支援任務はWAAFのものに類似していた。

カナダ
CANADA

カナダ陸軍婦人部隊（CWAC）
Canadian Women's Army Corps (CWAC)

　大戦の勃発後、カナダでは女性志願兵組織が多数発足していた。カナダ軍婦人志願予備兵部隊（Canadian Women's Volunteer Reserve Corps）（「ビーヴァーズ」（Beavers））、ブリティッシュコロンビア州婦人部隊（British Columbia Women's Service Corps）、そして「カナダ人ATS」（Canadian ATS）などは、そうした民間部隊の一部にすぎない。カナダ人女性の要望と、増え続ける人員の需要にもかかわらず、カナダ陸軍婦人部隊がようやく正式発足したのは1941年8月13日のことだった。これは上記の志願者部隊の多くを吸収したが、所詮は補助部隊にすぎず、国軍の一部ではなかった。この新部隊への入隊は1941年9月1日に開始され、1942年3月にCWACはカナダの国軍の一部門になった。徽章類は当初、カナダ軍婦人志願兵予備隊の徽章とビーヴァーの帽章を使用していたが、士官階級では星と王冠からなる帽章の代わりに、カエデ葉と小さなビーヴァーからなる帽章が使われるようになった。その後1942年に正規軍へ統合されると、陸軍の階級制度と階級章が採用された。これに先立ち、士官の階級構成はATSに、下士官のそれは正規陸軍に倣うこととしたが、二等兵は「志願兵」（volunteer）と呼ばれた。CWACの帽章は、菱形の背景に三叉葉のカエデ葉があしらわれ、「Canadian Women's Army Corp」（カナダ陸軍婦人部隊）の文字で縁どられていた。Cwacたちは、終戦の1年後まで勤務を続けた。彼女たちの給与は男性の三分の二だったが、この数字は最終的に五分の四にまで上昇した。

カナダ海軍婦人部隊（WRCNS）
Women's Royal Canadian Naval Service (WRCNS)

　1942年5月、3名のWRNS上級士官がカナダに到着し、WRCNSの組織内からカナダ政府を支援した。全国を一巡する第一次隊員募集ツアーののち、8月に68名の一等レン（Wren）たちが訓練を開始した。12カ月後には3000名以上の隊員が訓練を終了し、カナダ海軍に勤務していた。WRCNSの隊員たちはカナダ海軍の一員だったので、国王軍規を遵守した。内

ハスキーの仔犬を抱くカナダ海軍レンで、犬は3匹いたカナダ海軍駆潜艇隊のマスコットの1匹。被っている二次型の帽子は、つばが幅広く「HMCS」布製帽章が付いていた以前の型を更新した。毛皮フード縁どり付きの中綿入り寒冷地用上着はWRCNSの支給品ではなく、カナダ海軍のもの。

規整備と指揮は、海軍省通達とカナダ海軍の命令によっていた。1943年7月まで士官の階級構成はWRNSと同一だったが、その後はカナダ海軍の階級が採用された。給与は同階級のカナダ海軍男性軍人の五分の四だった。

カナダ空軍婦人補助部隊（CWAAF）
カナダ空軍（婦人部隊）（WD）
Canadian Women's Auxiliary Air Force (CWAAF)
Royal Canadian Air Force (Women's Division)(WD)

　CWAAFは、1941年7月2日の議決で発足した北米大陸初の公式婦人部隊であることを誇りにしていた。CWAAFはイギリスのWAAFを非常に参考にしており、同様の制服、階級制度、組織構成を採用していたが、WAAFとは異なり、CWAAFはカナダ空軍の一部だった。1942年2月3日の議会決議により、CWAAFはカナダ空軍（婦人部隊）(Royal Canadian Air Force（Women's Division/RCAFWD）と改称されたが、これはWDと略されることも多かった。同年3月にWD士官たちは、敬礼を受ける権利を含む、男性軍人と同等の地位を獲得した。「ウィッズ」（Wids）は海外に派遣された最初のカナダ軍婦人部隊だった。第一次派遣隊は1942年9月にイングランドに到着したが、カナダ国外の勤務のみで装用される「CANADA」肩章を付けていた。最終的に1300名のウィッズが海外で勤務していたが、そのうち300名はイギリスで入隊した隊員だった。WDの給与は男性の三分の二だったが、1943年7月1日に五分の四にまで上昇した。WDのモットーは、「That Men May Fly」（飛び立つ人々）で、その任務を見事に表していた。

オーストラリア
AUSTRALIA

オーストラリア陸軍婦人部隊（AWAS）
Australian Women's Army Service (AWAS)

　AWASの隊員募集は1942年1月に開始され、その人員規模は最終的に1万8000名を超え、AWASはオーストラリア軍の婦人部隊中、最大のものとなった。任務の内容はATSと似ていたが、通信部隊と対空砲部隊が大幅に強化されていた。制服はスマートなカーキグリーンの勤務服で、ボタンは銅色、そして「銃剣の日の出」（sunrise of bayonets）のAIF［オーストラリア帝国軍］*章が両下襟に付いていた。官給品は全部で、冬用勤務服1着、夏用勤務服1着、カーディガン1着、ロングコート1着、羊毛フェルト製つば付き帽1個（男性用ブッシュハットよりつばが小さく、折上げはなし）、シャツ3枚とその襟6枚、靴3足、ストッキング3足だった。下着と寝間着は支給されなかったが、その購入には毎年支払われる維持手当が充てられた。

　*訳注：第一次大戦中に発足した豪の民間義勇兵部隊。

オーストラリア海軍婦人部隊（WRANS）
Women's Royal Australian Naval Service (WRANS)

　ミセス・フローレンス・ヴァイオレット・マッケンジー（Mrs Florence Violet McKenzie）は、電気工学の学位を取得した最初のオーストラリア人女性だった。その後、オーストラリア婦人飛行クラブに入会し、モールス信号の教官になった。ミセス・マッケンジーは民間人の女性に通信技術の講習を行なう有事婦人通信部隊（Women's Emergency Signaling Corps）創設の中心人物だった。開戦後、彼女はオーストラリア空軍にWESCの協力を申し出た。空軍が提案にあまり乗り気でないのを見た彼女は、オーストラリア海軍に自らが訓練した女性たちを派遣した。豪海軍は14名のWESC通信士を採用し、オーストラリア海軍婦人部隊／ランズ（Women's Royal Australian Naval Service/WRANS）を1941年4月に設立した。当初は国内勤務者だけを募集していたが、その後ラン（Wran）の海外勤務が承認された。部隊の規模（2000名未満）から、士官の任官は当初しばらくは認められなかった。終戦までに任官されたのは、士官訓練学校を卒業した数名の三等士官だけだった。制服はWRNSのものに似ていたが、真鍮製の豪海軍ボタンと、HMAS［His Majesty's Australian Shipsの略］帽リボンの代わりに王冠付き錨の帽章（海曹が装用）が付くフェルト製つば付き帽が異なっていた。

オーストラリア空軍婦人補助部隊（WAAAF）
Women's Australian Auxiliary Air Force (WAAAF)

　ミセス・マッケンジー（上記WRANSの項参照）は、1941年5月にオーストラリア空軍婦人補助部隊の名誉航空士官に就任した。その2カ月前の3月15日、ベス・エドモンストンほか17名がWAAAF、オーストラリア初の婦人補助部隊に最初に入隊した。オーストラリア空軍の男性兵と異なり、ワフ（WAAAF）たちは軍籍に登録はされないものの配属はされ、戦争中にオーストラリア連邦内のみで勤務するという契約だったが、志願者はニューギニアなどの遠く離れた戦地で勤務していた。制服はWAAFと同様だったが、オーストラリア空軍の紺色である点が異なり、航空兵が装用する豪空軍帽章が付いていた。主な制服は青のオーバーオールと戦闘服だったが、夏季用のものはすべてカーキドリル*製で、幅広のつばの付いたスラウチハットか黒ベレー帽を被った。入隊者は18歳から40歳までだったが、特定の資格を持つ専門職では50歳までが採用された。

　*訳注：ドリルとは強度の高い綾織木綿布で、カーキドリル（khakidrillないしKD）は英軍や英連邦軍の熱帯地用被服類に幅広く使用された。

南アフリカ
SOUTH AFRICA

婦人国防補助兵団（WADC）
Women's Auxiliary Defence Corps (WADC)

　南アフリカにおける各種の婦人部隊は、すべて婦人国防補助兵団の指導により発足したもので、本組織は陸軍婦人補助部隊、空軍婦人補助部隊、婦人補助憲兵隊、海軍婦人補助部隊の統括機関だった。WADCには18歳から41歳まで（特例では55歳まで）の女性が入隊でき、WADCの新兵訓練所で希望する部隊を選択できた。

陸軍婦人補助部隊（WAAS）
Women's Auxiliary Army Service (WAAS)

　WAASはATSの同等部隊として1939年に編成された。隊員の大半は南ア連邦内の勤務だったが、一部の職種にはアフリカ大陸各地での勤務が期待されており、勤務地はのちに中東と地中海地域にも拡大された。採用基準は非常に高かったが、ATSでも採用基準は男性部隊よりも高めだった。WAASでは職務部門を男性組織とは別個に設けることが慣例的だったが、そのおかげで業務の効率が上がった。現地人労働者は、重労働や下働きを担当した。WADCの標準型制服はATSの制服に基づいたカーキ色のウール製勤務服だったが、夏季服装のものはドリル製だった。上衣の裾部左右にマチ付きポケットが付き、制服スカートの正面に短いボックスプリーツが1本入る点が異なっていた。下士官兵の帽子はカーキ色のATS型帽で、ウール製または夏季制服用のドリル製だった。戦闘帽も使用されたが、のちにカーキ色ベレー帽に変更された。士官の制服は下士官兵と同一だったが、帽子はトップが平らで、トップにプリーツの入るATS帽よりは米陸軍の「ホビーハット」に似ていた。帽章と下襟章は、4つの象限に分けられた盾形で、それぞれが部隊の任務を表していた。事務部門は本、自動車輸送部門は車、補給部門は砲弾、通信部門はマーキュリー像［使者の神］が示していた。階級構成はSAWADCと同一で、正規陸軍の階級と一致していた。

婦人補助憲兵隊（WAMPC）
Women's Auxiliary Military Police Corps (WAMPC)

　ATS憲兵隊がATSの一部だったのに対し、南アフリカの婦人補助憲兵隊は独立した組織で、1942年5月に発足した。訓練は逮捕術、拳銃射撃術、柔術などを含む、あらゆる警察官職務を網羅していた。WAMPCの制服はWAASやWADCと同一だったが、MP腕章と、男性

■WADC（南ア婦人国防補助兵団）階級表
兵（Private）
伍長（Corporal）（SAWAAFは航空伍長（Air Corporal））
軍曹（Sergeant）（SAWAAFは航空軍曹（Air Sergeant））
曹長（Staff Sergeant）
准尉（Warrant Officer）
少尉（2nd Lieutenant）
中尉（Lieutenant）
大尉（Captain）
少佐（Major）

用勤務制帽のトップが赤く、連邦防衛軍の一般徽章であるレイヨウ帽章が付く点が異なっていた。

空軍婦人補助部隊（WAAF）
Women's Auxiliary Air Force (WAAF)

1938年12月には、すでに南アフリカ空軍を有事の際に支援する組織の計画が立てられていた。南アフリカ婦人航空協会（South African Women's Aviation Association/SAWAA）は、航法理論や整備技術など各種の分野において志願者を訓練し、パイロット資格取得者を輩出していたが、その中には事業パイロット試験に合格した3名も含まれていた。1939年9月、SAWAAは政府の正式な承認を受けると、名称を南アフリカ空軍婦人志願補助部隊（South African Women's Voluntary Auxiliary Air Unit/SAWVAAU）に改め、南ア空軍に統合された。SAWVAAUのモットーは「Ad Manum」（「備えあれ」）だった。1940年6月、第一陣の100名の女性が、新たに発足した南ア空軍婦人補助部隊（SAWAAF）に配属された。主導的創設者のひとり、ドリーン・フーパー少佐（Doreen Hooper）は弱冠23歳でSAWAAFの司令官に就任した。この部隊は急速に拡大され、間もなくワフ（Waaf）たちは、指導教員、機体整備員、武装整備員、気象部員などさまざまな職種に採用された。制服はWADCのものだったが、SAAF章が付いた。SAWAAFの階級構成はWADCと同一だった。

南アフリカ海軍婦人補助部隊（SAWANS）
South African Women's Auxiliary Naval Service (SAWANS)

1943年10月に設立されたSAWANSは、南アフリカで編成された最後の婦人部隊だった。これに先立ち、WAAS隊員47名が南アフリカ海軍に出向し、管理職に就いた。「スワン」（Swan）の職務は限定され、事務員と通信

非番時にインドの街角を散策するWAC(I)の補助兵たち。カーキ色の木綿シャツに付くカーキ地の隊名肩章には黒でWAC(I)の隊名が入る。インド軍のカーキドリル（KD）製野戦勤務帽にはWAC(I)帽章がないが、これが導入されたのは大戦末期である。インド人女性として伝統的なサリーを着た上にKD製の腰ベルトを締めているが、KD製上衣にスカートを穿くこともあった。（イラストE1も参照）

技術者が主な二大職種だったが、職域は戦時中にさらに拡大した。事務部門への入隊者には特に専門的な訓練は行なわれなかった。入隊すると彼女たちはタイピストや事務管理職など、以前に経験したり、資格を取っていた仕事に就いた。技術部門からは海軍の特殊防御施設の要員としてスワンが派遣されたが、これには4週間の訓練期間が必要だった。スワン通信隊は通信局へ配属後、「職場内訓練」を受けた。研修終了後、彼女たちは男性の職場へ再配属され、暗号文の作成解読、配信、モールス通信手、電報手として働いた。スワンたちは全員が2週間の「訓練研修」を受け、基礎的な知識、教練、海軍生活を学んだ。WADC所属の組織であるにも関わらず、SAWANSは海軍の階級を採用していた。制服はイギリスのWRNSと同一だったが、南アフリカ軍の帽リボン（兵卒）と「South Africa」の隊名肩章が付いた。

インド
INDIA

婦人補助部隊（インド）（WAC(I)）
Women's Auxiliary Corps (India) (WAC(I))

WAC(I)は、英国籍とインド国籍の女性が、完全な軍人として軍務を果たすことを目的に、1942年4月に編成された。応募は17歳から50歳までの女性に限られていたが、門戸はあらゆる人種、カースト、宗教信者に開かれており、英領インドまたはインド藩王国在住のイギリス人とインド人の女性を募集していた。部隊内ではインド人、イギリス人、英緬混血者、英印混血者、その他の人々との間に差別はなく、全員が同じ宿舎で起居し、ともに職務を果たした。しかしインド社会には性別とカースト制による制限があったため、実際の志願者の大部分は英印混血者かインド人キリスト教徒だった。1945年にはWAC(I)の士官数は約1160名、下士官兵約8900名に達し、その多くが後方で事務職、管理職、暗号職、通信職に従事していた。WAC(I)はインド唯一の軍婦人部隊であり、空軍と海軍にも人員を提供していた。後者は1945年5月にインド海軍婦人部隊（Women's Royal Indian Naval Service）と改称されたが、WAC(I)の一部であり続けた。WAC(I)帽章は月桂樹リースが「INDIA」とその上の「WAC」の文字を囲んでいた。

1945年5月9日、セイロン島キャンディーの東南アジア方面隊司令部にて、VEデイのパレードで行進するセイロン島ATS部隊の補助隊員たち。派遣隊を指揮する士官はKD製のブッシュジャケットとスカートを着用し、下士官兵は全員、10個の前ボタンと布製腰ベルトで前合わせを閉じるカーキ色の木綿製ワンピースを着、カーキ色ウール製の野戦勤務帽を被っている。（IWM SE2975）

ニュージーランド
NEW ZEALAND

陸軍婦人補助部隊（WAAC）
Women's Army Auxiliary Corps (WAAC)

　戦時婦人補助部隊（Women's War Service Auxiliary）の志願者たちは1940年以来、陸軍を支援していたが、WAAC(NZ)がニュージーランド軍の一部として編成されたのは1942年6月になってからだった。WAAC(NZ)の兵卒たちには「トゥーイ」（Tui＝エリマキミツスイ）という愛称が付けられ、ATSと同様の任務に加え、国内外で病院看護員や酒保職員も務めていた。補助部隊という位置づけは終戦まで変わらず、男性と同じ職務を果たしていてもWAAC(NZ)が受け取る給与は低かった。1943年7月にはWAACの総兵力は4600名に達した。

ニュージーランド海軍婦人部隊（WRNZNS）
Women's Royal New Zealand Naval Service (WRNZNS)

　1941年に海軍婦人部隊の設立が提案されたが、反応は否定的だった。これは組織設立に伴なう負担が、利点である海上勤務に捻出できる男性数に見合わないと考えられたためだった。1941年12月の情勢変化をきっかけにニュージーランド海軍の見解は変わり、1942年6月に海軍婦人部隊（ニュージーランド）（Women's Royal Naval Service (New Zealand)）の設立が承認された。部隊名はその後、ニュージーランド海軍婦人部隊に改称された。制服はWRNSのものに似ていたが、グレーのストッキングと手袋、「HMNZS」[His Majesty's New Zealand Shipsの略]リボンを巻いたつば付きフェルト帽を着用する点が異なっていた。小型船乗組員などの特殊職では、男性用の制服と帽子が支給された。WRNZSの階級はWRNSと同一だったが、「四等士官」（forth officer）という独自の階級が設けられ、これは太さが半分の袖線章を付けていた。士官になるには見習いレンとして入隊し、順を踏んで進級するしかなかった。他の部隊に比べWRNZNSは非常に小規模で、隊員はせいぜい500名程度だった。

ニュージーランド空軍婦人補助部隊（NZWAAF）
New Zealand Women's Auxiliary Air Force (NZWAAF)

　1941年1月に編成されたWAAFは、ニュージーランド空軍の一部だった。当初、階級は総監（supervisor）のみで、階級章はなかった。1942年10月には部隊がかなり大規模になり、職種も多様化したため、階級制度の導入が不可欠になった。制服はバラシア布製で、イギリスのWAAFのものに似ていたが、全階級ともポケットのデザインが異なり、スカートには洗練されたボックスプリーツが入っていた。勤務服だけでなく正装でも、フェルト帽

イギリス ── WRNS
1：WRNS オートバイ伝令兵、ポーツマス海軍基地、1941年2月
2：WRNS 三等士官、英国、1942年
3：WRNS 無線技師、HMS スパローホーク、1942年5月

A

33

解説は47頁から

イギリス —— ATS
1：ATS憲兵、兵長、英国、1943年春
2：体操服、英国、1942年6月
3：射撃場部隊、士官、東部方面隊、シアーネス、1940年12月

郵便はがき

おそれいりますが切手をお貼りください

1 0 1 - 0 0 5 4

東京都千代田区神田錦町
1丁目7番地　㈱大日本絵画
読者サービス係 行

アンケートにご協力ください

フリガナ				年齢
お名前				（男・女）

〒
ご住所

TEL　　　　（　　　）
FAX　　　　（　　　）
e-mailアドレス

ご職業	1 学生	2 会社員	3 公務員	4 自営業
	5 自由業	6 主婦	7 無職	8 その他

愛読雑誌

このはがきを愛読者名簿に登録された読者様には新刊案内等お役にたつご案内を差し上げることがあります。愛読者名簿に登録してよろしいでしょうか。
　　　　　　　□はい　　　　　　□いいえ

オスプレイ・ミリタリー・シリーズ
世界の軍装と戦術4
**第二次大戦の
連合軍婦人部隊**

9784499229432

「第二次大戦の連合軍婦人部隊」アンケート

お買い上げいただき、ありがとうございました。今後の編集資料にさせていただきますので、下記の設問にお答えいただければ幸いです。ご協力をお願いいたします。なお、ご記入いただいたデータは編集の資料以外には使用いたしません。

①この本をお買い求めになったのはいつ頃ですか？
　　　　年　　　　月　　　　日頃(通学・通勤の途中・お昼休み・休日) に

②この本をお求めになった書店は？
　　　　　　　　　(市・町・区)　　　　　　　　　　　　　　書店

③購入方法は？
1 書店にて(平積・棚差し)　　　2 書店で注文　　　3 直接(通信販売)
注文でお買い上げのお客様へ　入手までの日数(　　　　日)

④この本をお知りになったきっかけは？
1 書店店頭で　　　2 新聞雑誌広告で(新聞雑誌名　　　　　　　　　　　)
3 モデルグラフィックスを見て　　　4 アーマーモデリングを見て
5 スケール アヴィエーションを見て
6 記事・書評で (　　　　　　　　　　　　　　　　　　　　　　　　)
7 その他 (　　　　　　　　　　　　　　　　　　　　　　　　　　　)

⑤この本をお求めになった動機は？
1 テーマに興味があったので　　　2 タイトルにひかれて
3 装丁にひかれて　　　4 著者にひかれて　　　5 帯にひかれて
6 内容紹介にひかれて　　　　　　7 広告・書評にひかれて
8 その他 (　　　　　　　　　　　　　　　　　　　　　　　　　　　)

この本をお読みになった感想や著者・訳者へのご意見をどうぞ！

ご協力ありがとうございました。抽選で図書カードを毎月20名様に贈呈いたします。
なお、当選者の発表は賞品の発送をもってかえさせていただきます。

イギリス ── WAAF
1：空軍兵卒、英国、1940年11月
2：空軍上等兵、戦闘機コマンド、英国、1942
3：気象部員、RAF チャイヴナー、
　　英国、1944年6月

C

カナダ、オーストラリア、ニュージーランド
1：カナダ：CWAC映写技師、英国、1944年
2：オーストラリア：WAAAF、准士官、ニューギニア、1944年1月
3：ニュージーランド：WAAC(NZ)、補助兵、オークランド、1944年
3a：WAAC(NZ)帽章

D

インドおよびビルマ
1：インド：WAC(I)、兵長、司令部スタッフ、クェッタ、1943年
2：インド：WAC(I)、補助兵、コーンウォリス兵舎、バンガロール、1944年
3：ビルマ：WAS(B)、補助兵、メイティーラー、1945年4月

E

アメリカ
1：WAC、兵器試験官、米国、1944
2：WAC、兵卒、ノルマンディ、1944年7月
3：WAC、兵卒、パリ、1945年復活祭
4：WAAC士官帽章

アメリカ
1：USMCWR、伍長、ハワイ州オアフ島、1945年8月
2：WAVES、兵曹、米国、1945年
3：航空隊WAC、フライトクラーク、英国、1945年夏

G

1：フランス：通訳秘書、アルジェ、1943年
2：ソヴィエト連邦：ソ連陸軍交通整理員、ベルリン、1945年
3：カナダ：WRCNS、水兵、HMCSコネストガ、オンタリオ州、1944年

40

H

＊原注：士官階級は英WAAFのものと同様。

■ NZWAAF 階級表＊

NZWAAF 同等階級	ニュージーランド空軍階級
空軍一等兵（AW1）	空軍一等兵（AC1）
空軍上等兵（LWA）	空軍上等兵（LAC）
伍長（Corporal）	伍長（Corporal）
軍曹（Sergeant）	軍曹（Sergeant）
曹長（Senior Sergeant）	航空軍曹（Flight Sergeant）
准士官（Under Officer）	准尉（Warrant Officer）

はベレー帽に変更された。真鍮ボタンとベルトの付いたスマートなブルーとグレー二色のドレス型作業服が支給されたが、これは開襟型で、両胸とヒップに蓋付きポケットが付いた。カーキドリル製の上衣、スカート、ドレス服は、必要に応じて支給された。

ビルマ
BURMA

婦人補助部隊（ビルマ）（WAS(B)）
Women's Auxiliary Service (Burma) (WAS(B))

　1942年1月16日に編成された「ウォズビーズ」（Wasbies）は、ビルマ陸軍司令部での事務職と暗号職を任務としていた。日本軍がビルマに進出すると、ウォズビーズは陸軍とともに撤退したが、彼女たちの任務は侵攻の激化に伴ない増加した。ラングーンが日本軍に陥落すると、同市から約300名が海路脱出した。65名がビルマ陸軍とともに残ったが、彼らはインドまで1000マイル――英軍史上最長の後退距離――を撤退した。ウォズビーズは第14軍とともにビルマに復帰し、彼らのために移動酒保サービスを提供した。彼女らの努力は兵士たちとスリム大将の両方から絶賛されたが、同将はビルマ軍と第14軍の司令官であり、その活躍を直接目にしたのだった。WAS(B)は1946年初めに日本で解隊された。当初、制服はカーキ色のドレス服で、両胸にポケットのあるエアテックス製の「ブラウス」部と、ウェストベルトが付き腹側に1対のポケットのあるドリル製の「スカート」部からなっていた。このドレスに加え、任務の必要に応じてドリル製のスラックスとブッシュジャケットが併用された。1944年には色がカーキからジャングルグリーンになり、イギリス軍またはインド軍の師団章が誇らしげに袖に付けられ、帽子と下襟には「チンテ」（Chinthe＝ビルマ狛犬）章が付けられた。帽子は野戦勤務帽か熱帯防暑帽だったが、のちにベレー帽とブッシュハットに変更された。戦場ではカーキドリルかジャングルグリーンのヘッドスカーフが、制服色に合わせて併用された。

ソヴィエト連邦
SOVIET UNION

ソ連陸軍
Red Army

　婦人歩兵大隊は、第一次世界大戦と1917年のボルシェヴィキ革命に続くロシア内戦の期間中に、そのすべてが創設された。ソ連が大祖国戦争に突入すると、祖国の危機に際し、膨大な数の女性が動員されることとなった。当初40万名以上の女性が訓練されたが、これらは主に医師、看護婦、伝令兵、担架兵だった。前線の医療部隊の人員は40％以上を女性が占めていた。大戦初年の年末には、女性はソ連陸軍の全兵員の8％程度だったが、1945年には控えめな概算でも80万名 ── 陸軍総兵力の約10％ ── にも上った。やがて婦人兵は、世界的に受け入れられていた医療や司令部関係の職務以外でも採用された。VEデイ［ヨーロッパ戦勝日］には約100万名の婦人兵が ── その四分の三が徴集兵だったが ── 機関銃兵、戦闘工兵、通信兵、対空砲兵、電信手、トラック運転手、伝令オートバイ兵、戦車や自走砲の乗員、偵察隊員として勤務していたが、男女混成部隊であることも多く、男女は完全に平等だった。幅広く宣伝された女性狙撃兵の活躍は、ドイツ軍の士気に衝撃を与えた。比較的有名な例としては、R・シュリプニコワ、O・ビコワ、確認戦果54人のローザ・シャーニナ（愛称は「ホーニー」（Horny））、戦果89人を記録したニーナ・ロボフスカヤなどの志願兵たちがいた。その中で最も有名だったのは、確認戦果309人のリュドミラ・パヴリチェンコ中尉だった。

　大祖国戦争中、3名の陸軍婦人兵 ── ペトロワ狙撃兵、スタニリジェネ機関銃兵、ジュルキナ対空砲兵 ── は兵士の勲章で最高のものと考えられていた栄誉勲章を、3級から1級まですべて（銅、銀、金章）授与された。さらに86名の女性兵士が金星記章付きレーニン勲章を授与され、国家最高の栄誉であるソ連邦英雄の称号を与えられた。

ソ連海軍
Red Navy

　大祖国戦争以前のソ連海軍は、領海警備、沿岸作戦、上陸作戦での陸上部隊の支援といった、まったく戦略的でない任務を果たしていただけだった。対ドイツ戦（そして最終的には対日戦）に際し、その規模は空前の拡大を遂げたが、ついに「外洋艦隊」となることはなく、その能力はバルト海と黒海における潜水艦戦と、沿岸および陸上作戦の支援に限られていた。他の連合軍諸国同様、婦人兵は男性兵力の不足を補うために採用された。ソ

ソ連陸軍は1943年1月から制服と徽章類の大幅な見直しを行ない、国防省令（Prikaz）25号により帝国型のポゴーニ（pogoni）（原注：板状肩章）付きの詰襟ギムナスチョルカ（gymnastiorka）（原注：シャツ型上衣）が再導入された。階級章と兵科章は襟から肩章に移動した。この規定で新たに導入されたものに、婦人兵用のカーキグリーン色のドレス型制服がある。下のスカート部には幅広のボックスプリーツが正面に1本入っていた。上部はギムナスチョルカに似ており、前合わせが女性型（左前）だった。この制服は、茶革製ウェストベルト、黒革製ブーツ、カーキグリーンのベレー帽で完成する。第二次世界大戦中、ベレー帽を被ったのは女性兵士だけだった。
(Courtesy Laszlo Bekeski)

1945年5月、大祖国戦争の最終勝利を祝うソ連陸軍士官たち。女性らの服装はカーキ色の男性用ギムナスチョルカに紺の戦前型勤務服スカート、1935年型ウェストベルト、ふくらはぎ丈の黒革製ブーツだ。女性用戦闘服ではカーキグリーンのシャツもあったが（イラストH2参照）、婦人兵の多くは男性用ズボンを穿いていた。ソ連軍の婦人兵は、一般的に歩兵部隊の兵卒にはいなかったが、さまざまな戦闘兵科に所属していた。総数の三分の一にあたる約30万名が対空砲部隊に勤務していた。1941年のモスクワでは、少なくとも1個の婦人ライフル連隊が設立されたが、これは旅団の可能性もある。中央婦人狙撃兵学校からは約千名の訓練生が卒業し、男女混成の戦車ないし自走砲部隊で戦っていた婦人兵は数え切れなかった。総計86名の女性が最高位の勲章、ソヴィエト連邦英雄金星記章を授与された。
(Courtesy Laszlo Bekeski)

連の婦人補助部隊員は、WRNSなどの他国の海軍補助部隊と同様の任務を果たしていた。戦闘艦に乗り組むことは通常なかったが、補充水兵として多くの小型艦艇に乗船していた。多くのロシア人女性が、補助部隊員ないし民間労働者として港やドック施設でも働いていた。

ソ連陸軍航空隊
Red Army Air Force

　ソ連陸軍航空隊には、全要員——パイロット、兵装員、機体整備員、司令部人員——が女性で編成された連隊が3個あり、第122航空集団を構成していた。これは第586戦闘機連隊（ヤク昼間単座戦闘機Yak-1、Yak-7B、Yak-9を装備）、第587爆撃機連隊（ペトリャコフPe-2）、第588夜間爆撃機連隊、のちの第46親衛連隊（ポリカルポフPo-2複葉機）からなり、ドイツ軍には恐らく「夜の魔女」の名で知られていた。この航空集団はカテリナ・ベルシャンスカヤ大佐が指揮していたが、彼女は戦前からの飛行家で、マリナ・ラスコワとともにこれらの部隊を発足させた中心人物だった。第586戦闘機連隊の指揮官はタマラ・カザリノワ少佐だった。VEデイまでに30名の女性パイロットがソ連邦英雄金星記章を受章したが、そのうち22名が第588/第46親衛連隊の隊員だった。有名な女性パイロットとしては、カテリナ・フェドトワとナターリャ・メクリン、そして女性最高の戦闘機エース、第586戦闘機連隊所属のリディア・リトヴァク少尉——人呼んで「スターリング

ラードの薔薇」──は、1943年8月1日に22歳で戦死するまでに12機撃墜を達成した。第586戦闘機連隊は合計4419回の作戦出撃を果たし、125回の空戦に参加、確認撃墜数38機を記録した。

外国人義勇部隊
FOREIGN VOLUNTEERS

ポーランド
Poland

　ポーランドの降伏に伴ない、数千名のポーランド兵がフランスとイギリスに逃れたが、前者の多くはフランス降伏後、イギリスへ再脱出した。これらの兵士たちの大半は、イギリスで編成された第1ポーランド人軍団か、そ

フランスの降伏により、約1万9000名の亡命ポーランド軍がドイツ軍と戦い続けるため、イギリスへ逃れた。ATSには多数のポーランド人女性が勤務していたが、自由ポーランド軍には独自の婦人補助部隊、PSKがあった。その隊員はATSの勤務服を着用したが、これは赤地に白の「Poland」隊名肩章とポーランド鷲ボタンが上衣に、王冠を被った鷲と盾の国家徽章がATS帽に付いていた。西側連合諸国と異なり、ポーランド軍には婦人兵の火器携行を禁止する規則はなく、ポーランド軍補助隊員は歩兵用兵器の操作訓練を受けていた。写真はトラックに乗り、余裕の笑みを浮かべるPSK婦人兵たちで、SMLE小銃とブレン軽機関銃に注意。

の後イランで編成された第2軍団に入隊した。祖国から逃れた、あるいは元々イギリス在住だったポーランド人女性らは、自国の男性たちを支援しようと決意した。こうして婦人補助部隊（Pomocnicza Stuzba Kobiet/PSK）、いわゆる「ポーランド人ATS」が発足した。隊員はATSの制服を着たが、赤地に白の「Poland」隊名肩章、ポーランド鷲付きボタン、ポーランド鷲帽章を付けていた。ATSとは異なり、ポーランド軍では火器の携行が認められており、ATS勤務服にP37型複合装備とSMLE小銃という姿で、男性兵とともに歩哨に立つ姿もよく見られた。本婦人補助部隊には、4千名のポーランド人女性が勤務していた。

フランス
France

イギリスの自由フランス軍は「フランス婦人義勇兵軍団」（Femmes Françaises Indépendantes）からの支援を受けていたが、これは「フランス人ATS」と呼ばれることもあった。これは1940年6月19日にマダム・シモーヌ・マトゥー（Mme Simone Mathieu）の指導下で設立されたが、エレーヌ・トゥーレ大尉（Capitaine Hélène Terré）（のちに少佐（Commandant））が司令職を引き継ぎ、終戦まで務めた。制服はATSの一次型が「義勇兵」（volontaires）に支給されたが、服装は一般兵科用ボタンのとり付けと、帽章のないATS帽で完成した。部隊の国籍を示すのは、「FRANCE」の隊名肩章と火焔擲弾の襟章だけだった。1942年に制服には、典型的なフランス軍型のドームボタン、下向きの剣にロレーヌ十字が重ねられた盾形の襟章、右胸ポケットの上に付く自由フランス軍（Forces Françaises Libre/FEL）の翼の生えた剣の徽章が加えられた。FEL隊章の図案の中心部は、襟章と同じく剣の付いた盾で、帽章ではこれに月桂樹葉のリースが加わり、カーキか紺のフランス警察型帽（bonnet de police）［いわゆるド・ゴール帽］にとり付けられた。本部隊はその後、陸軍婦人部隊（Service de Formation Feminine de l' Armée de Terre）と改称された。婦人義勇兵は自由フランス海軍の艦隊婦人部（Section Feminine de la Flotte/SFF）にも勤務しており、制服はWRNSに似たものを採用していた。司令官はマダム・アーブ（Mme Herbout）だった。自由フランス空軍（FAFL）所属の婦人義勇兵の制服は、紺の上衣に白のスカート、黒ネクタイだった。

自由フランス軍の陸軍婦人部隊司令、エレーヌ・トゥーレ大尉（のちに少佐）。着ているのは典型的なフランス軍男性士官用勤務服上衣で、両袖口と肩章に3本の階級棒章が付く。左胸ポケット上には戦争十字章（Croix de Guerre）のリボン略章、右胸ポケット上には自由フランス軍章である翼付きの剣、両上襟の角にロレーヌ十字付き盾章が付いている。

その他の国々
Other Nationalities

オランダの解放後、オランダ王国陸軍が再編成された。婦人補助部隊（Vrouwen Hulp Korps/VHK）の隊員たちは、英軍第21軍集団で医療職と司令部職を務めていた。連合軍に勤務するデンマーク人女性は100名以上いた。また北海横断に成功しイギリスへ逃れたノルウェー軍残存部隊を支援するため、兵力199名のノルウェー軍婦人部隊が編成された。カナダではノルウェー人航空兵養成のために編成された陸海軍航空隊合同の飛行訓練部

隊──「リトル・ノルウェー」が、1944年の両航空隊の統合によるノルウェー王国空軍（RNAF）設立に伴い、その訓練部隊となった。RNAFには婦人補助隊員が看護婦や一般補助兵として提供され、さまざまな後方任務に就いていた。基本制服は洗練されたドレス服で、前合わせ丈一杯にボタンが並び、ウェストベルトが付いた。紺地に白文字の「NORWAY」の隊名章が肩に付くこともあり、職務資格取得者には専門職を示す2枚の翼が右胸に付いた。

第21軍集団のオランダ進出後、オランダ軍婦人補助部隊（VHK）への入隊者が募集され、1945年初めからATSセンターで訓練が始まった。1945年3月、ヴィルヘルミナ女王はオランダの解放された地域を訪問したが、写真はその際、英軍第1砲兵軍団所属のVHK隊員を閲兵する女王。袖に赤と青の菱形地に付く白い槍先章がはっきりと見えるが、その上のオレンジの獅子章はオランダ王国旅団（イレーネ王女）の紋章で、オランダ兵の全員が付けていた。彼女たちは全員がATSの戦闘服ブラウスとスカートに、オランダ獅子章を付けた紺色のベレー帽またはGS［一般勤務］帽を被っている。勤務服スカートと戦闘服ブラウスの混用は英軍の服装規定にはないが、第21軍集団のATSおよび外国人補助部隊隊員に限って認められていた。（IWM SE3975）

主な参考文献
SELECT BIBLIOGRAPHY

　新聞や雑誌と同様、戦時中の政府の公式刊行物からは、各種の婦人部隊について数多くの情報が得られた。しかしこれらは個別に掲載するには、あまりにも数が多すぎる。主な出版物資料は、以下の通りである。

Brayley, Martin J. & Ingram, R., *WWII British Women's Uniforms*, Windrow & Greene (1995)
Brayley, Martin J. (& others), MILITARIA magazine, various articles
Collett Wadge, D., *Women In Uniform*, Sampson Low (1946)
Cowper, J.M., *The Auxiliary Territorial Service*, War Office (1949)
Gwynne-Vaughan, Helen, *Service With The Army*, Hutchinson (1942)
Harris, Mary V., *Guide Right*, Macmillan (1944)
Mathews, Vera L., *Blue Tapestry*, Hollis & Carter (1948)
Moran, Jim, *US Marine Corps Uniforms & Equipment in World War 2*, Windrow & Greene (1992)
Shea, Nancy, *The WAACS*, Harper & Bros (1943)
Tredwell, Mattie, *The Women's Army Corps*, Dept. of the Army (1954)
Whateley, Dame Lesley, *As Thoughts Survive*, Hutchinson (c.1948)
Various, *The Oxford Companion to the Second World War*, OUP (1995)

カラー・イラスト 解説
THE PLATES

A：イギリス——WRNS
A1：WRNSオートバイ伝令兵、ポーツマス海軍基地、1941年2月

　自動車輸送部（MT）は婦人志願兵に最初に門戸が開かれた部門で、WRNSのオートバイ伝令兵は機密扱いの「出航命令」などの重要な速達書類の配達を行なっていた。MT部門の兵は運転技術講習だけでなく、車両とエンジンの整備講習も受けていた。MT部隊員には標準型のWRNS制服に加え、MT用長手袋、革製ブーツ、男性兵用ベルボトムズボン、ダッフルコートが支給された。帽子は最初はATS帽に似た庇帽だったが、クラウンのプリーツと帽リボンがなかった。これはオートバイ運転手用のパルプヘルメットに変更されたが、その後スチールヘルメットにされた。下士官兵用ズボンは作業着が必要なWRNS部門のすべてに支給された。海軍型ズボンはフラップフロントで、腰の2カ所で留めて穿く方式だったが、女性用の制服ではそれとは異なり、標準型の前ボタン隠し付きのものが圧倒的に多かった。

　WRNS下士官兵への支給被服（無償分）：ウール製オーバーコート1着、レインコート1着、上衣2着、スカート2枚、白シャツ4枚、シャツ襟9枚、ネクタイ1本、靴2足、ストッキング3足、帽子と帽リボン（または英国海兵隊では赤のフラッシュ [flash＝着色部隊章] と帽章）各1点、正帽（上級兵ではトライコーン帽）1個、ウール製手袋1双。

A2：WRNS三等士官、英国、1942年

　このWRNS士官の制服は、イギリス海軍士官のものに準じており、非常に洗練されたデザインである。兵卒の制服同様、これも前合わせが女性型（左前）で、4個の金ボタン（低い階級では黒の角ボタン）が2列並んだダブルブレスト上衣と、ボックスプリーツが2本入ったスカートからなっていた。兵卒用上衣では左胸ポケットがなく、裾部のポケ

身体訓練中の混成対空砲部隊のATS隊員で、服装は茶と赤狐色のATS体操服シャツとATSキュロットだった（イラストB2参照）。体操服は支給数が少なかったが、訓練部隊と対空砲部隊はその数少ない受領先だった。ATS部隊はすべての隊が身体訓練を実施するはずだったが、実際に行なっていた部隊はわずかだった。

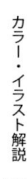

中東における非番時のワフ（Waaf）たちで、その熱帯用服装はまちまちである。1944年以前ではカーキドリル（KD）製制服が必要なワフが少なかったため、原則的に各部隊で独自に調達していた。1944年3月27日にWAAF初の大規模海外派遣隊が中東に出航したが、これがきっかけとなり、出発前にイギリス国内でKD製軍服が製造・支給されることになった。公式にはワフたちは、カーキ色のシャツ、黒ネクタイ、ブッシュスカート、KD製スカート、ウール製ストッキング、青の帽子を着用することになっていた。間もなく熱帯地勤務の実情に合わせ、ウール製ストッキングと靴の代わりに、くるぶし丈靴下とサンダルを履くことになったが、それ以上の緩和は望めなかった。写真の婦人兵たちの服装は（左から右へ）、KD製スカートとノータイのシャツに腰のブッシュシャツベルト、KD製スカートとシャツに規格品の黒ネクタイ、KD製スカートとネクタイを締めたシャツの上に着たブッシュシャツで、くるぶし丈の靴下にサンダルを履いている。全員が青のウール帽を被っているが、これは1944年以降、空軍の野戦勤務帽に更新された場合もあった。カーキ地に赤の英空軍鷲肩章（右端）は、翼端が扇状に広がっていることから特注品である。このワフのハンドバッグは私費で購入した非規格品。(IWM CM5814)

ットに長方形の外蓋が付く。士官帽はトライコーン型で、海軍士官用の王冠とリースの付いた錨の帽章が付くが、リースの色は鮮やかな青である。この型の帽子はWRNSの上級兵も被ったが、やはり徽章は青色だった。WRNS士官の階級は鮮やかな青の袖口線章が示したが、男性海軍士官では一番上の線章の上に環が付くのに対し、菱形が付いていた。

WRNS士官には55ポンドの被服費を支給され、以下の物品を購入した。徽章付きトライコーン帽、ダブルブレスト上衣、スカート、ロングコート、ウォッチコート（原注：より厚手のロングコート）、レインコート、シャツ、ネクタイ、ストッキング、靴、手袋である。熱帯用被服が必要な人員には、さらに10ポンドの支給が認められていた。その内容は、ドリル製制服、作業用シャツ、作業用スカート、フェルト帽、ズック靴、ストッキング、くるぶし丈靴下だった。

A3：WRNS無線技師、HMSスパローホーク、1942年5月

海軍航空基地では機上通信機の空中テストのため、多くの無線技師が必要だった。全員が空中テストを行なっていた訳ではないが、大戦中は1132名のレンたちが無線技師

として勤務し、さらに39名の士官が無線士官として勤務していた。ハットストン海軍航空基地［英海軍では別名、「HMSスパローホーク」でも知られた］からのテスト飛行に備え、装備を整えたこの若い婦人兵は、戦前型の1932年型「メイ・ウェスト」(Mae West)*型救命胴衣を1930年型シドコット(Sidcot)**飛行服（原注：この服はグレーからライトカーキまでの色で製造されていた）。1940年型飛行ブーツは外側がスエードで、内側がフリース仕上げだった。これはその後、改良により革製の足首ストラップが追加されて脱出時に脱げにくくなり、1941年型と改称された。

　女性専用の制服が調達できない場合、男物の衣類が支給されるのが慣例だった。これらの「貸与服」は多くの場合特別作業用の服で、大きすぎた上にサイズの種類が少なかったが（S、M、Lしかないこともあった）、それらの点は女性が着用する場合、特に問題にならなかった。

*訳注：米国のグラマー女優（1893～1980）。
**訳注：豪人飛行家フレデリック・シドニー・コットン（Frederick Sidney Cotton、1894～1969）が発明した飛行服。

B：イギリス——ATS
B1：ATS憲兵、兵長、英国、1943年春

　ATSの婦人憲兵は2人1組でパトロールにあたり、陸軍憲兵と同等の職権をもっていた。この「赤帽」(Redcap)が着用しているのは一次型の1941年型上衣で、前合わせは男性型、プリーツ入りの胸ポケットと「PROVOST」（憲兵）の隊名肩章が付いていた。茶色の靴とライル糸織ストッキングでこの服装は完成する。憲兵隊と混成対空砲兵隊の下士官兵には、厚手のウール製靴下も支給されていた。元となったATS「隊員用」上衣にはウェストベルトはなかった。これが付いたのは1941年型制服からだった。その後の1941年型制服では腰ポケットのプリーツが廃止された。のちに簡素化のため、ボタンが緑色のプラスチック製になった（当初は真鍮ボタンに付け直されることが多かった）。

　国軍内に婦人部隊を設立する1941年4月付の防衛（婦人部隊）大綱が導入される以前は、規律違反をした志願兵を処罰する方策は事実上なく、違反常習者に対する処置は除隊処分しかなかった。1941年に国王軍規の適用指針とATS隊員に対する陸軍法が公布されたが、まだ適用除外範囲は大きかった。しかしわずかな例外を除き、ATS隊内における規律は良好に保たれ、最も多い違反は常習欠勤だった。

B2：体操服、英国、1942年6月

　身体訓練はATSの訓練科目に必ず含まれていたが、これを必修科目としたのは1942年6月に公布された陸軍評議会指針（ACI）だけだった。志願兵か陸軍体育部隊の教員が体育を監督していたが、最初のATS常勤体育教員が養成され始めたのは1941年4月で、ATS体育学校が開校したの

米軍WACの冬用非番ドレス（イラストF3参照）。1943年9月以前、WaacないしWacたちは、部隊長の許可があれば社会活動時に私服を着ることが認められていた。同部隊が完全に米国陸軍に統合されると、この特例はなくなり、以後あらゆる公式行事や社会活動では夏用ないし冬用の制服を着ることになった。主計総監部はイブニングドレスの一種を非番服として私費購入扱いの被服類に追加することを承認した。1944年5月に規格品としてデザインが決定された。夏用と冬用が作られ、冬用WACドレスはタン色の7オンス［約198g］のウールクレープ製で、夏用WACドレスはベージュ色の4オンス［約113g］のレーヨンシャンタン織布製だった。冬用ドレスにはウール製ギャリソン帽と革製ドレス手袋を着用することが許可され、ウール製オーバーコートを着る場合、その下にはスカーフも装用できた。夏用ドレスは通常は襟を開いて着、揃いの帽子と木綿製ドレス手袋を着用した。袖は各自の裁量で短くすることもできた。市販のハンドバッグを使うことも許可された。WAC用多目的バッグを使用する場合は、肩ストラップを取り外して持ち歩いた。(US National Archives)

は1942年4月だった。ACIが厳密に遵守されることはほとんどなく、時間がない、あるいは体操服の支給や設備が不充分などを理由に、身体訓練の類をまったく行なわない部隊も多かった。対空砲兵隊ではその任務の性質上、身体訓練が必要だったので、時間の許すかぎり身体訓練を行なった。ATS体操服の支給は、体育教員、対空砲兵隊、訓練部隊見習士官、MT部門、基礎訓練センターに限られていた。この女子服はATSの部隊色で、体操用シャツ、体操用キュ

ロット、規格官給品体操靴に通常はくるぶし丈の靴下を履いた。教官にはトラックスーツも支給された。

B3：射撃場部隊、士官、東部方面隊、シアーネス、1940年12月

砲の射界内に立つこともあるシアーネスの火砲実験隊に配属された士官たちは、射程測定作業中の視認性を最大限にするため、青の海軍ブレザー、白シャツ、白スカート、砲兵隊色の赤・青の野戦帽という目立つ制服で、この服装は彼女らの前任者だった男性士官のものに倣っていた。こうした砲術や弾道計算の研究任務に従事する士官たちは、理科系の学位を持った専門家だった。

1941年の服装規定により、士官の制服は以下の被服類で構成されていた。それは帽章付き勤務服帽2個、勤務服上衣2着、勤務服スカート2枚、ドラブ色スカート2枚、ドラブ色襟4枚、茶色手袋1双、ドラブ色ネクタイ1本、ロングコート1着、茶色靴2足、ドラブ色ストッキング4足で、これらの購入のため40ポンドの手当が支給された。

WAC(I)のバリー兵曹。WAC(I)の海軍部門は1945年3月にインド海軍婦人部隊と改称したが、WAC(I)の一部であり続けた。制服は冬服が青、夏服が白とWRNSのものに似ていたが、インド海軍型ボタンが付き、水兵では「HMIS」帽を被った。バリー兵曹は明らかに英印混血者で、インド系兵用の青縁付きの白サリーをまとい、左肩に真鍮製の「WAC(I)」隊名章を付けているが、白ブラウスの左袖にあるのは兵曹の青い階級章。（イラストE1およびE2も参照）

C：イギリス――WAAF

C1：空軍兵卒、英国、1940年11月

このワフが着ているのは、新規に導入されたロングコートで、スマートで暖かく、通常はウール製の勤務制服の上に着た。WAAF型のロングコートは、5個の真鍮ボタンが2列付く例が、男性用と同じ4個型よりも多いことが異なっていた。ベルトと背中側の裾割りプリーツがなかったのは、このコートに装備品をとり付ける必要がなかったためである。英空軍の鷲章と階級章が両袖に付いたが、写真資料によれば、コートでは鷲肩章の下に「A」の文字は付かないのが一般的だったようだ（48頁の写真を参照）。イギリスでは婦人部隊へのロングコートの支給が遅れ気味だったが、WAAFでは国王の鶴の一声より導入が加速された。1940年11月以前、士官は私費購入したバラシア布製ロングコートを着ていたが、婦人空軍兵は薄いレインコートで我慢していた。

C2：空軍上等兵、戦闘機コマンド、英国、1942年

この上等兵は、戦闘機コマンド作戦室での航空機位置表示係（第IV特務隊の事務員）である。ブルーグレーのWAAF勤務服は1939年に導入され、英空軍の徽章と階級章が付く。ATS勤務服とは全体的に異なるが、非一体型のベルト、帽子の黒モヘア織帽帯と革張り庇だけはATS譲りである。1941年12月以前の下士官兵では、補助隊員（Auxiliary）を意味する「A」の文字が、英空軍の鷲肩章の下に付いていた（士官では両下襟に金メッキ製か真鍮製のものが付いていた）。1942年以降には膨大な数の徴集ワフたちもこの徽章を使用することになったが、これは「古参兵」たちにとっては徴集開始前からの志願兵であることを示す名誉の印だった。どちらかというとATSの制服よりもWAAFの制服が垢抜けていたため、志願者が偏ったという問題も、隊員の募集が徴集制になると解消した。

C3：気象部員、RAF チャイヴナー、英国、1944年6月

気象部員は職能第II種婦人隊員で気象観測を行ない、その結果から航空作戦の準備に不可欠な要素である天気予報を行なった。このワフは二次型の前ボタン式作業用オーバーオールを勤務服の上に着用、気象観測気球を放出するところで、気球の追跡記録から風速と風向きが測定された。

WAAFの支給被服類は、内地勤務の基本制服では以下の通りだった。ロングコート1着、徽章付き制帽1個（2個目は12カ月の勤務後に支給）、帽子カバー1枚、勤務服上衣2着、勤務服スカート2枚（職種により、勤務服1着に戦闘服型「サージ製作業服」1着のこともあった）、青色オーバーオール2着、カーディガン1着、スカート3枚、替え襟6枚、ストッキング4足、靴3足（または靴2足にアンクルブーツ1足）、ショーツ3枚、パンティー3枚、ベスト3枚、ブラジャー2枚、パジャマ2着、スラックス1本（支給されない場合は、作業着1着）、手袋1双、黒ベレー帽（航空整備士では2個目の帽子の代わり）。これ以外の被服類や必要品は、職務内容に応じて支給された。

追加被服類、熱帯用装備は、英空軍フラッシュ（RAF flash）付きスラウチハット1個、ブラジャー2枚、ショ

ーツ2枚、パンティー4枚、ブッシュシャツ2枚、ドリル製スカート3枚、熱帯用シャツ3枚、くるぶし丈靴下2足、ストッキング3足、透き目入りベスト4着、野戦勤務帽1個。

D：カナダ、オーストラリア、ニュージーランド
D1：カナダ：CWAC映写技師、英国、1944年

CWACの制服は優れたカットの仕立てで、上衣には裾部のマチ付きポケット2個と左胸ポケットが付いていた。冬制服はカーキのウール製で、夏服は薄手のタン色だった。どちらの制服にも「ビーチナットブラウン」地の肩章に「CWAC」の隊名章がとり付けられていた。これは初期は下士官用が真鍮製、士官用が金メッキ製だったが、のちに布製の隊名章に変更された。両肩には茶色地にバフ（士官は金色金属糸）で刺繍された「CANADA」の隊名肩章が、黒台布のカエデ葉章の上に付いていた。図案色の「バフ」はその後、両方とも黄色に変更されたが、片方だけの色が異なる制服はほとんどなかった。ボタンにはアテネの頭部と「CWAC」（しばしば「カナダ随一の美人」（Cutest Women in All of Canada）の略とも言われた）の文字が付いていた。襟の隊名章は揃いの真鍮製（士官は金メッキ製）菱形章で、巻紙に書かれた「CWAC」の上にアテネの頭部があしらわれていた。下士官の山形章の台布はビーチナットブラウンだった。

CWACやWAC隊員とともにワシントンDCで勤務していたATS隊員たちは、あまりの夏の暑さにCWACの夏用制服の導入を決定し、ATSのウール製制服は冬服とすることにした。CWACの制服には一般勤務服用ボタンとATS徽章が付けられ、ウール製のATS帽とともに着用された。1945年夏に熱帯用のウーステッド製ATS帽が制定されたが、その支給開始から間もなくATSがイギリスに帰還したため、使用期間は非常に短かった。

D2：オーストラリア：WAAAF、准士官、ニューギニア、1944年1月

このイラストは、前線部隊の兵士に支給されていた乾燥肉と野菜のレーションの最適な調理法を教えるため、ニューギニアを巡回していたオーストラリア空軍補助部隊コックR・ハドソン准士官（准尉）の写真を基にした。ハドソン准士官は、金メッキの准士官帽章の付いたWAAAFの紺の標準型勤務服帽を被り、熱帯用制服を着ている。実は規定では帽子はつばの広いスラウチハット（「オーストラリア兵帽」のつば左側の折り上げのないもの）を被ることになっており、その際、豪空軍フラッシュ付きの布製パグリ（Paggri）を左側に、黒色の豪空軍帽章を正面に付けることになっていた。カーキ色の熱帯用シャツと脇閉じ式スラックスは、熱帯地域では連合軍のどの国の婦人部隊でも着ていたと言ってよく、同様のものがWAAF、ATS、WACなどでも着用されていた。WAAAFの冬用制服は、紺色の上衣、スカート、帽子からなり、イギリスのWAAFの制服とほぼ同じカットだった。初期型のスカートでは中央にボックスプリーツが入っていたが、これはその後、より単純な4枚ゴア型の導入により廃止された。

1944年末の正規の冬用勤務服で、着用者はジョージア州アトランタの第4兵站部隊司令部所属のWAC四等特技官。服装は、「古金色」と緑色のパイピング付きのウール製WAC用ギャリソン帽、女性用カーキ木綿布製のタン色シャツ、WAC下士官兵用冬スカート、革製女性用冬ドレス手袋、1944年夏に非番ドレス服での使用が認められたデザインの茶色の市販ドレスパンプス。WAC用多目的バッグは1943年11月の規定に従って掛けている。（イラストG3も参照）

D3：ニュージーランド：WAAC(NZ)、補助兵、オークランド、1944年

ATSの勤務服同様、WAAC(NZ)の制服は上質な布製で、上衣の裾部左右にマチ付きポケットが付き、制服スカートには2本のボックスプリーツが入っていた。これにタン色のシャツとネクタイ、ライル糸織ストッキングと茶色のオックスフォードシューズ、革製手袋を着用した。ドリル製スモックは作業着で、戦闘服は運転手と対空砲兵隊の下士官兵に支給された。熱帯用被服では、カーキドリル製のブラウス、スカート、スラックスが作業着として、白のドレス服が正装用として支給された。帽子は各国共通の野戦勤務帽で、カーキ色のパグリにWAAC(NZ)帽章（挿入イラスト3a）の付いた茶色のつば付きフェルト帽だった。ラテン語のモットー「PRO PATRIA」（「母国のために」）が、

米軍WAC T5（原注：五等特技官）の秀逸な資料で、冬制服上衣にカーキ色木綿製シャツを着ているが、これは通常着用した規格のウール製シャツ以外にも認められていた魅力的な選択肢だった。パイピングのないOD色男性用ギャリソン帽の左前方に付いたWAC襟章と、第7兵站部隊の肩章に注意。

ニュージーランド原産の鳥トゥーイの上に付いていた。WAAC(NZ)の愛称は「トゥーイズ」だった。

E：インドおよびビルマ
E1：インド：WAC(I)、兵長、司令部職員、クェッタ、1943年

WAC(I)隊員はインド陸軍の一員であり、完全な軍人であったにもかかわらず、現地の慣習のためにイギリス人もインド人も男性兵とは宿舎と食堂を別にし、男女間の接触は最小限に留めていた。このインド人WAC(I)兵長はカーキ色のサリーを着ているが、サリーはインド女性の伝統的衣装で、この服装はインド人兵にのみ認められた特例規定によるオプション服装だった。カーキ色シャツには、「WAC(I)」の文字が黒で刺繍された布製の隊名肩章と、白の階級棒章が付いていた。1944年7月にWAC(I)長官に就任したカーライル伯爵夫人（Countess of Carlisle）は前ATS上級統括官だった。WAC(I)は発足以来ほとんど訓練を受けておらず、教育体制の整備は急務だった。新長官とともに多数のATS教官が赴任し、WAC(I)をATSの水準に引き上げるべく訓練を行なった。この新参者たちは歓迎されたが、独立運動派の反政府プロパガンダに傾倒していたインド人士官には反感を抱いた者もいた。

E2：インド：WAC(I)、補助兵、コーンウォリス兵舎、バンガロール、1944年

WAC(I)に勤務するイギリス人隊員の制服はATSのものに準じていた。通常勤務服はカーキドリル（KD）製ブッシュジャケットとスカート、KD製野戦勤務帽からなり、真鍮製の「WAC(I)」隊名肩章を付けていた。ここではあまり知られていない長期着用に伴なう諸費用や洗濯費に注目してみたい。ATSとは異なり、WAC(I)では非番時の社会活動での私服着用が許可されていた。制服購入費は士官には200ルピー、補助員には140ルピーが支払われ、維持費80ルピーが年1回、洗濯費10ルピーが毎月支給されていた。さらにウール製の冬制服が必要な者には、40ルピーが追加支給された。

E3：ビルマ：WAS(B)、補助兵、メイティーラー、1945年4月

この「ウォズビー」（Wasbie）は第36歩兵師団の所属で、ジャングルグリーンのワンピースドレスは、エアテックス製のブラウス部と木綿ドリル製のスカート部からなっていた。この異なる布種の組み合わせのおかげで着心地は比較的快適になり、体幹は涼しくなったが、長持ちしたのはスカートの方だった。WAS(B)のチンテ（ビルマ狛犬）章が両襟に付き、同じ図案が黒の合成樹脂製ボタンにもあしらわれていた。頭には通常、ブッシュハットか、ジャングルグリーンのヘッドスカーフを被った。両肩の黒地に白円の第29歩兵旅団章に注意。これは第72歩兵旅団の赤丸と組み合わされ、イギリス第14軍第36歩兵師団を表した。

1945年4月当時、メイティーラー*の状況は深刻で、建物はほとんど破壊されていた。周辺地域には未だに日本軍部隊が潜伏し、豪雨のたびに発見が難しくなっていた。WAS(B)分遣隊は飛行場に酒保を苦心して建設したが、これはモンスーンのせいで何度も吹き飛ばされた。あまたの困難にもめげず同酒保は、ケーキ、タバコ、そして毎日80ガロン［約303リットル］の紅茶を提供するという偉業を成し遂げ、インド方面への離陸を待つ疲れ果てた兵士たちを驚喜させたのだった。

*訳注：ビルマ（現・ミャンマー）の都市。交通の要所であり、第二次世界大戦の末期、日本軍とイギリス軍との間で激戦が繰り広げられた。防衛庁防衛研究所戦史室著・『戦史叢書』での表記は「メイクテーラ」。

F：アメリカ
F1：WAC、兵器試験官、米国、1944

.45インチM3サブマシンガンのテスト射撃中の一場面で、このワックは茶色と白の縞のWAC体操服を着ている。綿サッカー布製のこのドレス服は、前合わせ丈一杯の白色プラスチック製ボタンとウェストベルトで前を閉じた。この服には揃いの「乙女のたしなみ」ブルマーを穿き、女性用ウール製足首丈靴下に女性用勤務短靴を履いた。この作業服には通常、カーキ色のWAC夏帽を被ったが、つばを

折り上げる「デイジー・メイ」*被りをすることもあり、これをWAC内の隠語で「フィッシュ・ハット」と呼んだ。この体操服がWAACに支給されたのは1942年7月のフォート・デ・モインが最初で、身体訓練時に着用するためだった。この服は広く普及し、実用的な作業着として使われ続けた。

*訳注：Daisy Maeとは1934年から43年間、アメリカの新聞に連載された西部劇漫画「リル・アブナー」（L'il Abner）の主人公のガールフレンドで、気立てのやさしいブロンド美人。

F2：WAC、兵卒、ノルマンディ、1944年7月

1944年7月、ワック派遣隊の第一陣が「WAC前方兵站地区」（WAC Com Z/WAC Forward Communication Zone）の一翼を担うためノルマンディに到着した。このワックは最新型のオリーヴドラブ戦闘服、すなわち一次型の女性用M1943戦闘上衣（前合わせのボタンが7個なのが特徴で、以降の型では6個）、その下のウール製「ウェスト」（シャツ）とネクタイ、「外衣」ズボン、女性用戦闘靴とレギンスを着用している。7月末には橋頭堡は完全に確立され、連合軍部隊は南と東へ向け進撃していたが、M1ヘルメットはまだまだ必需品だった。

F3：WAC、兵卒、パリ、1945年復活祭

春のパリで休日を過ごす、この楽しげな若い女性はSHAEF［連合国派遣軍最高司令部］の職員で、タン色のWAC冬用制服を着ている。この非番時用ドレスは大変人気が高く、スマートでありながら女性的な衣服である。主計総監部はこの新型制服の採用後、その調達に例を見ない優先度を与えた。予想需要を満たすには、1944年春の末までに総計で冬服42万8000着、夏服31万着近くを支給する必要があるとされていた。（服装規定により、婦人医務士官にはこのWAC非番時用ドレスとドレススカーフの着用が禁じられていた。）

F4：WAAC鷲帽章（士官帽章）

この不恰好なアメリカハゲワシの図案は、1943年7月のWAACの米国陸軍への統合後は使用が中止され、階級章同様、標準型のアメリカ陸軍紋章に変更された。

G：アメリカ
G1：USMCWR、伍長、ハワイ州オアフ島、1945年8月

合衆国海兵隊婦人予備部隊員は「WR」と称された（またメディアでは「米海兵隊の美人」（Beautiful American

ソ連海軍婦人部隊の制服は男性水兵のものに似ていたが、テルニヤシュカ（telniyashka）アンダーシャツの青白縞が細かい。単純な赤星章が紺の女性用ベレー帽に付く。任務に応じてズボンかスカートを穿いた。アムール川艇隊上陸用の装甲舟艇に乗り組むこの二等海曹は、両肩に2本の金色刺繍棒章を付けている。右胸の大祖国戦争1級勲章は一次型である。この勲章は1942年5月20日に制定されたが、これは1943年6月19日以降、リボン付きからネジ留め式バッジになった。左胸には従軍章を佩用している。海軍の軍種章はこの青色ジャンパーの左袖に付いている。PPS-43短機関銃で武装しているのに注意。

Marines）から「BAM」とも）。冬用勤務服は、3個ボタンで左右の胸と裾部に内袋式ポケットの付いたフォレストグリーンの上衣、揃いのスカート、赤色コード付きの庇帽、カーキ色のシャツとネクタイ、茶色の革靴、手袋、「財布」(Purse) とあだ名されたハンドバッグで、この服装は完成した。ボタンと徽章はすべて米海兵隊の規格型だった。夏服として緑白縞の綿サッカー製制服が2着支給されたが、1着は勤務用の半袖型で、もう1着は長袖の正装服だった。これらはカットがウール製上衣とは異なり、前合わせは5個ボタンで4カ所にボタン留め縫い付けポケットが付き、その蓋は下端がとがっていた。ボタンは緑色のプラスチック製、階級章は白地にミントグリーンで、帽章と襟章は銅色だった。茶色の靴は共通だったが、白手袋をはめ、ハンドバッグにはミントグリーンのカバーとストラップが付いた。

イラストの制服は夏季服装規定に基づいたオプション制服で、白の木綿製の夏用ドレス型制服、夏用帽に白のドレスパンプスを着用し、金メッキのボタンと徽章が付く。夏季服装では帽子は3種類用意されていた。WR夏用勤務帽はミントグリーンの「デイジー・メイ」帽で、つばの後ろ側を折り上げて被った。勤務服装と正装での着用が規定されていたのは、このWR夏用制帽で、形はウール製キャップに似ていたが、ミントグリーンの薄い布製で、白色コード付きだった。他の選択肢としてはWR夏用ギャリソン帽があり、これもミントグリーンで、白色パイピング付きの折り返しが左正面にあった。海兵隊の鷲と地球と錨 (eagle, globe and anchor) の徽章 (EGA章) は、3種のいずれにも付いた。

G2：WAVES、兵曹、米国、1945年

このスマートな青白縞の綿サッカー製ドレスは1944年までWAVESの夏制服で、揃いのギャリソン帽と黒のボウタイとともに着用された。左袖の黒い兵曹階級章に注意。規定では冬には黒手袋、夏には白手袋を着用することになっていた。米国海軍予備隊の婦人予備隊（WAVES）の被服費200ドルの内訳は、制服代の160ドルに、靴代と下着代の40ドルだった。士官には250ドルの手当が支給された。これで予備隊員は、青色の上衣とスカートからなる基本制服、「US NAVY」リボン付きのソフトトップ帽を揃えることができたが、これらは基本的にイギリスのWRNSの制服に似ていた。WRNS同様、「フロッピーハット」はその後廃止され、WAVESでは青布製かイラストのような夏用綿サッカー製のギャリソン帽に変更されたが、これにはWAVESのスクリューと錨の徽章が左側に付いた。

WAVESの基本制服は以下の被服類からなっていた。ソフトクラウン帽（のちにギャリソン帽に変更）、青色の上衣、青色のスカート、夏制服、水色と紺色のシャツ、黒ネクタイ、ベージュ色のストッキング、黒の靴、レインコート、ハヴロック（レインハット）。「ショルダーポーチバッグ」（ハンドバッグ）はオプション装備品だった。

G3：航空隊WAC、フライトクラーク、英国、1945年夏

このフライトクラーク（事実上のスチュワーデス）は非常にスマートな冬用勤務服を着ており、その構成は、「古金色」と緑のパイピング付きWAC用ギャリソン帽、冬用婦人兵上衣およびスカート、WAC用ドレススカーフで、スカーフには揃いの薄黄色か白の手袋をはめた。1945年から士官階級での慣習を反映し、上衣の両襟に2組の円盤型襟章を装用することになった。フライトクラークは航空機搭乗員の一員として、米国陸軍の紋章のあしらわれた航空隊員翼章を付ける資格が認められていた（公認されたのは1945年6月から）。このWAC隊員は、星に翼の生えた陸軍航空隊章に、米国内と欧州〜アフリカ〜中東戦役従軍章のリボン略章も付けている。

イギリス同様、アメリカの婦人兵も非戦闘員であり、火器の携行は認められていなかったが、必要に迫られ規定が破られる例もしばしばあった。航空WAC隊員には、重要書類、さらには機密書類をイングランド各地の陸軍航空隊基地間で配達するなど、任務の道中に自衛火器を携行する必要のある伝令兵もいた。褐色革製のM1916ホルスターに、.45口径コルトM1911A1自動拳銃を携行している写真も残っている。

H1：フランス：通訳秘書、アルジェ、1943年

1943年に新たに連合軍陣営に加わった仏領北アフリカの守備隊は、活発に女性を補助部隊に募集し、運転手、通信手、管理職などさまざまな職務に就かせた。1942年末に動員計画が実施され、1万名のフランス人女性が徴募されたが、その多くはフランス本国から逃れていた難民だった。蓋付きの胸および腰ポケットが付いたウール製上衣に、フランス陸軍の革製ベルトを締め、中央にプリーツの入ったスカートを穿くのが「標準型」冬季服装だったが、地方によっては調達の困難さからばらつきも見られた。この制服に、カーキ色ウール製か木綿ドリル布製の仏陸軍型警察式サイドキャップを被った。夏季服装では、植民省職員の1935型木綿製上衣にカットの似た、ライトカーキのヴァローズ・サハリャーン［サハラ砂漠ブラウス］（原注：英軍のブッシュジャケットに類似）に、布製か革製のウェストベルトを締め、揃いのスカートを穿いた。靴とブラウスの調達は問題だった。最終的に米軍WACの余剰品（仏軍型ボタン付き）が支給されたが、当初は暫定措置として市販のブラウスと靴が代用に充てられていた。

この若い女性は、アルジェの通訳訓練センターで研修中だった陸軍と空軍の数多くの婦人補助部隊員のひとりである。服装は木綿ドリル製の上衣にプリーツスカートだが、上衣のボタンは典型的な仏軍型ドーム形真鍮ボタンである。ブラウス、ネクタイ、靴、ハンドバッグは、すべて市販品。

H2：ソヴィエト連邦：ソ連陸軍交通整理員、ベルリン、1945年

この歩兵部隊所属の婦人兵は交通整理業務にあたっており、カーキグリーンの戦闘服にいくつかの婦人服型の制服類を着用している。金属製の赤星章が付いたピロトカ帽 (pilotka cap) は男女共通の標準型戦闘帽で、ここではカーキグリーンないし紺の女性用ベレー帽の代わりに被って

いる。カーキグリーンの1943年型ギムナスチョルカは、前合わせが女型の詰襟シャツ型上衣である。ポゴーニ（原注：板状肩章）は正装並みの品質で、黒地に歩兵科を表すキイチゴ色［濃い赤紫］のパイピングが付く。またレニングラード防衛戦従軍章も佩用している。中央にプリーツの入ったカーキグリーンのスカートは、正装制服の紺色スカートの戦闘服版である。この女性は黒のストッキングにソ連陸軍規格型の黒革製ブーツを履いている。装備は鹵獲品のドイツ軍小銃弾盒3個にモシン＝ナガンM98/38型カービン銃、交通整理用手旗である。

H3：カナダ、WRCNS水兵、HMCSコネストガ、オンタリオ州、1944年

　WRCNSの夏用ドレスは魅力的なブライトブルーをした薄い夏用ウーステッド製の制服で、色と素材以外は冬用のネイビーブルーのウール製のものと同じだった。いずれもイギリスのWRNSのサージ製制服のスタイルを踏襲しており、白シャツ、黒ネクタイ、ストッキング、靴とともに着用した。WRCNS士官の制服はWRNS士官のものと同様のカットだったが、スカートにプリーツがなく、夏服では階級は袖口線章よりも板型肩章で示されることが多かった。この夏季服装では水兵階級は白の帽子カバーを付け、士官階級はWRNS士官型の紺のトライコーン帽をカバーをかけずに被った。CWAC同様、「CANADA」の隊名章が両肩に付く。

　HMCSコネストガはオンタリオ州ガルトにあったWRCNSの訓練施設で、ここで5000名以上のカナダ人レンが訓練を受けた。この沿岸基地では、カナダ・米国駐留WRNS海外部隊に入隊した北米在住イギリス人も訓練していた。

1944年7月、仏バイユーにて。この愛くるしい自由フランス軍の婦人志願兵（volontaire feminine）は、イギリスからノルマンディに到着した直後の撮影。服装は、英軍男性兵のサージ製戦闘服上衣、カーキ色シャツに手編みネクタイ、黒ベレー帽である。ベレー帽と肩章に、曹長ないし准尉を表す刺繍階級棒章が1本付いている。襟章は社会支援隊（Assistantes Sociales）の徽章で、この隊は罹災者、帰還者、難民などを支援するため、1941年8月に仏国外で編成された。両肩にはカーキ地に白の国名肩章が付いている。

◎訳者紹介｜平田光夫（ひらた みつお）

1969年、東京都出身。1991年に東京大学工学部建築学科を卒業、一級建築士の資格を持つ。5歳頃から模型が趣味に。2003年『アーマーモデリング』誌で"ツィンメリットコーティングの施工にはローラーが使用されていた"という理論を発表、模型用ローラー開発のきっかけをつくり、現在は同誌で海外モデラーのレポート翻訳を手がけている。訳書に『第三帝国の要塞』『英仏海峡の要塞1941-1945』『第二次大戦のドイツ軍婦人補助部隊』（いずれも小社刊）などがある。

世界の軍装と戦術 4

第二次大戦の連合軍婦人部隊

発行日	2008年1月4日　初版第1刷
著者	マーティン・ブレーリー
訳者	平田光夫
発行者	小川光二
発行所	株式会社大日本絵画 〒101-0054 東京都千代田区神田錦町1丁目7番地 電話：03-3294-7861 http://www.kaiga.co.jp
編集	株式会社アートボックス http://www.modelkasten.com/
装幀・デザイン	八木 八重子
印刷/製本	大日本印刷株式会社

©2001 Osprey Publishing Limited
Printed in Japan
ISBN978-4-499-22943-2

World War II Allied Women's Services
Martin Brayley
First Published In Great Britain in 2001,
by Osprey Publishing Ltd, Elms Court,
Chapel Way, Botley Oxford, OX2 9Lp.All Rights Reserved.
Japanese language translation
©2007 Dainippon Kaiga Co., Ltd

ACKNOWLEDEMENTS

The author would like to thank the following individuals for their contributions or support: Lynette and Toby (for their enduring patience), Laszlo Bekeski, Tony and Joan Poucher, Brian Schultz & estate of TSgt.V.P.Schultz, Robert F.Stedman, Ed Storey, Simon Vanlint & Martin Windrow.

'You must tell your children, putting modesty aside, that without us, without women, there would have been no spring in 1945.'
Nonna Alexandrovna Smirnova
Russian woman AA gunner, Great Patriotic War